dé[...]

# FICHES de révision

3e

## Histoire-Géo-EMC

Martine Lassus
*Certifiée d'histoire-géographie*

Cécile Terrien
*Agrégée d'histoire-géographie*

www.defibac.fr

Bordas

# SOMMAIRE

## LES ÉPREUVES DU BREVET EN FIN DE 3e



## HISTOIRE

### L'EUROPE, UN THÉÂTRE MAJEUR DES GUERRES TOTALES (1914-1945)



### LE MONDE DEPUIS 1945

## FRANÇAISES ET FRANÇAIS DANS UNE RÉPUBLIQUE REPENSÉE



# GÉOGRAPHIE

## DYNAMIQUES TERRITORIALES DE LA FRANCE CONTEMPORAINE



## POURQUOI ET COMMENT AMÉNAGER LE TERRITOIRE ?



## LA FRANCE ET L'UNION EUROPÉENNE

## ENSEIGNEMENT MORAL ET CIVIQUE

### LA SENSIBILITÉ : SOI ET LES AUTRES



### LE DROIT ET LA RÈGLE : DES PRINCIPES POUR VIVRE AVEC LES AUTRES



### LE JUGEMENT : PENSER PAR SOI-MÊME ET AVEC LES AUTRES



### L'ENGAGEMENT : AGIR INDIVIDUELLEMENT OU COLLECTIVEMENT ?



### ANNEXES



Les mots **en rouge** dans le texte renvoient au lexique.
Les noms en **bleu** dans le texte renvoient aux biographies en fin d'ouvrage.

▶ Vidéo

**Ce logo placé en haut des fiches et dans le sommaire vous indique qu'une vidéo de professeur ou un schéma animé vous est proposé dans la version numérique gratuite de ce titre.**
**Reportez-vous au début de l'ouvrage pour connaitre les modalités de téléchargement.**

---

**Édition** : Josiane Attucci-Jan
**Adaptation de maquette** : Josiane Sayaphoum
**Cartographie** : Légendes cartographie
**Iconographe** : Clémence Zagorsky
**Mise en pages** : Fabienne Le Bihan

---

PARCOURS D'ÉDUCATION ARTISTIQUE ET CULTURELLE

# L'art, témoin de la société

*Supermarket Lady*, sculpture de Duane Hanson, 1970.

## I LA PRÉSENTATION DE L'ŒUVRE

● Cette **sculpture** grandeur nature représente une femme américaine poussant un caddie rempli de produits de consommation. L'auteur en est Duane Hanson, né en 1925 et mort en 1996.

● Elle est créée en 1970, à partir de moulages des parties du corps humain, et réalisée en fibres de verre et différentes résines. La sculpture est ensuite peinte. Elle est aussi réaliste qu'une photographie, et même davantage. C'est pourquoi le courant artistique auquel se rattache le sculpteur se nomme « l'hyperréalisme américain ».

## II LE CONTEXTE ÉCONOMIQUE ET CULTUREL

- Les États-Unis vivent alors une période agitée : la guerre du Vietnam bat son plein, la pauvreté divise la société – malgré le modèle de l'*American Way of Life* diffusé dans le monde, les violences urbaines et raciales se multiplient. Les artistes dénoncent le **conformisme** et la société de consommation.

- En effet, dès le début des années 1960, les artistes du Pop Art remettent en question les fausses promesses du rêve américain consécutif aux Trente Glorieuses.

- Héritiers de ce mouvement, les **artistes hyperréalistes** mettent en scène la **vie quotidienne**, telle qu'elle est vécue concrètement par des millions de gens – bien loin des stars, des acteurs et des chanteurs d'Hollywood. Même si l'Amérique détient le plus haut niveau de vie dans les années 1960, cette prospérité n'est pas partagée équitablement.

- Cette femme illustre son temps et les modifications de la société américaine à la fin des années 1960. C'est la période de la consommation de masse, la multiplication des supermarchés qui remplacent les magasins traditionnels, et les produits standard fabriqués par l'industrie agroalimentaire, souvent moins onéreux que les autres.

## III LA DESCRIPTION ET LA SIGNIFICATION DE L'ŒUVRE

- Au premier plan se trouve le caddie. Il est plein à ras bord, rempli d'emballages de produits industriels standard. Il est l'image de la société de consommation.

- La femme qui pousse le caddie n'est pas présentée à son avantage. Elle est en surpoids, ses vêtements sont dépareillés, elle a gardé ses chaussons et ses bigoudis sur la tête. Tous ces accessoires sont de véritables objets de la vie quotidienne. Elle a une cigarette au coin de la bouche. Les détails de sa personne sont visibles : les taches sur sa peau, les bleus. C'est peut-être une femme battue. Dans l'ensemble de son œuvre, Duane Hanson veut faire la **critique de la société américaine**, en montrant le racisme, la pauvreté, les personnes maltraitées.

- Cette sculpture est faite pour nous **choquer** : la femme est négligée dans sa tenue. Son caddie est plein, plein de ce que la société lui demande d'acheter et qui donne l'**illusion de l'opulence**. Elle se croit libre, mais elle est en fait **prisonnière** de la société de consommation, elle obéit à la sollicitation des publicités.

- Duane Hanson dénonce ainsi le « rêve américain » en nous montrant les victimes, les travailleurs de la classe moyenne auxquels on promet une vie de rêve grâce à des produits devenus accessibles à tous.

# Le régime soviétique

En 1917, deux révolutions (février 1917 et octobre 1917) amènent au pouvoir **Lénine**, le chef du parti **bolchevik**. Il impose alors le communisme en Russie qui devient en 1922 **l'URSS** (l'Union des républiques socialistes soviétiques).

## I LA MISE EN PLACE DU COMMUNISME EN RUSSIE

### 1. 1917-1921. Une situation difficile

- Après la Première Guerre mondiale, les traités de paix enlèvent à la Russie près de 10 % de son territoire et la guerre civile qui suit entre l'Armée rouge dirigée par **Trotski** et les forces militaires alliées associées aux monarchistes se termine par la victoire en 1921 des armées révolutionnaires. Le pays en sort épuisé avec des millions de victimes et une agriculture ravagée par les réquisitions alimentaires en direction des villes.
Lénine met alors en place **la Nouvelle politique économique** (**NEP**).

### 2. La NEP et la succession de Lénine

- Lénine choisit de libéraliser partiellement l'économie en autorisant les paysans à vendre une partie de leurs récoltes et en dénationalisant les entreprises de moins de 20 salariés. Les résultats montrent une reprise de la croissance et l'émergence d'un groupe social qui s'enrichit : des industriels (**Nepmen**) et des paysans (**les Koulaks**).
- Lénine meurt en 1924 et la lutte s'engage entre Trotski et **Staline.** Celui-ci s'empare du pouvoir en 1928. Il accélère alors la mise en place du communisme en URSS.
- Le régime soviétique présente déjà des aspects totalitaires avec un parti unique, appuyé sur une police politique puissante et des camps de déportation pour les opposants.

## II LA DICTATURE DE STALINE

### 1. Une économie planifiée

- Staline impose des plans de cinq ans gérés par un organisme d'État, le Gosplan. Ainsi tous les secteurs de l'économie reçoivent des normes de production. De 1928 à 1932, le premier plan prévoit la collectivisation des terres et la constitution de vastes exploitations agricoles, les **sovkhozes** et les **kolkhozes**. Le plan met aussi l'accent sur la sidérurgie, l'industrie lourde et l'électricité.

● La répression s'abat sur les **Koulaks** qui sont envoyés dans les camps de travail, les **goulags**, nombreux en Oural et en Sibérie. Toutefois, la collectivisation totale de terres se heurte à la résistance des paysans et les kolkhoziens obtiennent de conserver une petite propriété privée (maison, jardin et petit bétail) et de vendre leurs produits sur le marché libre. Beaucoup de paysans délaissent le travail collectif au profit de leur petite propriété privée ou fuient vers les villes.

● Le deuxième plan (1933-1937) tente d'améliorer le niveau de vie des populations et donne priorité aux industries d'armement. Il favorise la construction d'immenses **complexes industriels** et développe l'**industrie chimique**. Les cadences sont augmentées et certains ouvriers sont présentés comme des modèles de productivité.

## 2. Une dictature politique

● Staline n'admet aucune opposition, il élimine ses adversaires et après 1935 il se débarrasse des anciens amis de Lénine (procès de Moscou, 1936) qui passent publiquement des aveux qui sont ensuite récupérés par la **propagande** du régime.

● En 1939, le système pénitentiaire comprend des prisons, mais aussi une cinquantaine de camps de travail où les opposants politiques et les criminels vivent dans des conditions extrêmes.

● Le monde artistique doit se soumettre à des normes et à des thèmes pour exalter le parti communiste : c'est le **réalisme socialiste** et l'art occidental est interdit. En 1936, une Constitution confie le pouvoir législatif au **Soviet** suprême composé du Soviet de l'union et du Soviet des nationalités. Le pouvoir exécutif appartient au Conseil des commissaires du peuple et au Présidium du Soviet suprême. En réalité, le parti communiste **contrôle les institutions et la population** à tous les niveaux. Les grandes libertés – de la presse, de réunion... – sont affirmées mais ne sont plus respectées. Les élections ne permettent qu'aux candidats du parti au pouvoir de se présenter.

● En 1941, lorsqu'elle entre en guerre aux côtés des alliés, l'URSS est devenue la **troisième puissance industrielle** du monde.

● Ce **productivisme** a été réalisé grâce au travail forcé et en embrigadant la population. Les urbains représentent dorénavant plus de 33 % de la population.

● Staline a construit avec de nombreuses formes de représentations l'image d'un chef charismatique présenté comme le **guide du peuple russe**. Ce culte de la personnalité va modeler les mentalités comme en Allemagne et en Italie.

PARCOURS D'ÉDUCATION ARTISTIQUE ET CULTURELLE

# L'affiche politique

Affiche éditée en 19[illegible]3, dessin et photomontage.

Structure de l'affiche

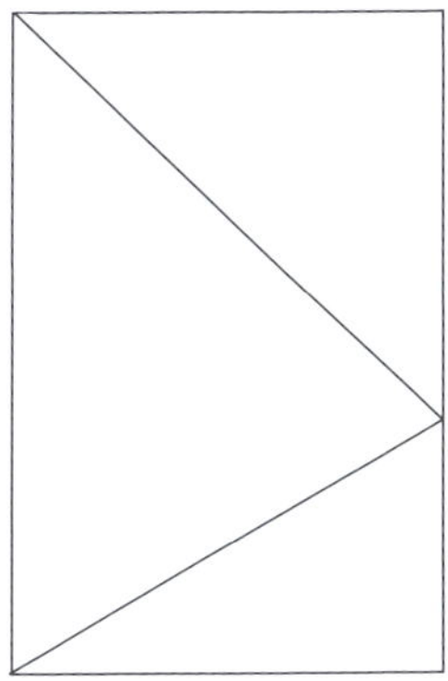

## I LA PRÉSENTATION DE L'AFFICHE

● Cette **affiche de propagande** étonne par sa composition et son iconographie. Elle utilise très peu de couleurs et se compose surtout de visages.

● La **structure** (voir schéma) permet de distinguer trois parties qui constituent trois triangles. Le triangle supérieur représente le peuple, le triangle inférieur droit, des personnages reconnaissables et bien identifiés, et le triangle gauche, deux visages, mis en relief par leur dimension et leurs couleurs. Ces deux bustes de Lénine et Staline occupent la plus grande partie de l'espace de l'affiche.

● On peut parler de mise en scène avec le drapeau rouge comme toile de fond. Les deux personnages semblent se superposer, se confondre, mais l'un n'est qu'une ombre alors que l'autre, Staline, est bien vivant. Et la dimension de son portrait permet d'insister sur son rôle de chef, celui qui domine le pays. La particularité de cette affiche, c'est qu'elle utilise des photos réelles, fragmentées et assemblées, à des formats différents.

## II LE CONTEXTE POLITIQUE

- En 1935, après l'assassinat d'un de ses proches, Staline organise de grands procès et accuse ses opposants, souvent anciens compagnons de Lénine. Les accusés sont exécutés ou envoyés en camps de détention.
- En 1938, les purges sont terminées et les nouveaux dirigeants du Parti apparaissent sur l'affiche en bas et à droite. Staline organise autour de lui un culte de la personnalité, d'où sa taille imposante.
- Après l'affaiblissement de l'armée par l'exécution de certains dirigeants et face à la montée des périls extérieurs, il a besoin de regrouper autour de lui la population.

## III LA DESCRIPTION ET LA SIGNIFICATION DE L'AFFICHE

- La technique du photomontage est un assemblage de fragments divers, assemblés et recomposés. Né au XIXe siècle, il intéresse d'abord les artistes avant d'être détourné par les régimes autoritaires.
- Par leur nature photographique, les éléments du photomontage semblent véridiques, mais la vérité est amputée, déformée. Apparait alors une nouvelle vérité qui donne un certain sens au montage.
- Le peuple représenté est composé d'ouvriers et de paysans anonymes. Les nouveaux dirigeants sont individualisés et reconnaissables par les contemporains. Quant à Staline, il se présente comme le chef suprême et l'héritier de Lénine, poursuivant l'idéal de la révolution bolchévique (drapeau rouge).
- Cette affiche s'adresse directement à la masse encore en grande partie illettrée. Le dessin et les photos sont assez éloquents : il n'y a ici aucun texte.

PARCOURS D'ÉDUCATION ARTISTIQUE ET CULTURELLE

# « La solution finale »

Pierre-Charles Dabouis, *Kaufering*, avril 1945.

## I LA PRÉSENTATION DE L'ŒUVRE

- Ce **tableau** est une œuvre de Pierre-Charles Dabouis créée juste après la libération des camps de concentration. Les peintres du XX$^{e}$ siècle insistent sur les désastres causés par la guerre – et aussi sur les conséquences de la politique raciste d'Hitler. On peut voir la souffrance sur les visages des personnages.
- Le peintre est un survivant du camp de Dachau.

## II LES CIRCONSTANCES

● La scène se passe dans le camp de Dachau (Bavière), et Kaufering en est une extension. Les nazis avaient décidé de créer deux complexes en annexe du camp de Dachau (dont Kaufering) pour construire des avions de combat. Les ateliers étaient enterrés pour éviter les bombardements alliés.

● Dachau est le premier **camp de concentration** construit en Allemagne nazie (1934). Les premiers internés furent des opposants idéologiques, puis le camp accueillit des Juifs de Bavière, des prisonniers de guerre (surtout soviétiques), des homosexuels et des Tziganes.

## III LA DESCRIPTION ET LA SIGNIFICATION DE L'ŒUVRE

● La toile, simple et colorée, représente deux personnages : l'un debout et l'autre à terre. La partie inférieure du tableau est sombre – malgré le chemin plus lumineux. Le fond du tableau, jaune d'or, évoque le soleil, la renaissance.

● Les personnages se ressemblent. Ils portent l'uniforme rayé des déportés, ils sont très maigres et celui qui se tient debout semble hagard. Leur maigreur s'explique par les **conditions inhumaines de détention et de travail** : peu de nourriture, rien pour se protéger du froid. De très nombreux prisonniers sont morts de faim, de maladie, d'épuisement.

● Les conditions de travail à Kaufering étaient particulièrement fatales, car pour protéger la production des bombardements, les barraquements étaient en partie enterrés. Les détenus étaient très exposés. Il s'agissait de Juifs de Hongrie, de Pologne et de Lituanie.

● On remarque l'attitude du personnage debout. Comme le peintre, c'est **un rescapé**. La vie s'ouvre à nouveau devant lui, le chemin clair s'ouvre vers l'horizon. Mais il se retourne pour regarder son camarade agonisant, qui se tord de douleurs et pour qui aucun chemin ne s'ouvre vers la vie. Celui qui s'apprête à partir se sent presque coupable d'avoir survécu à l'horreur.

## IV UNE CONCLUSION

● Le but de ce tableau est de **dénoncer la guerre et la barbarie**. On pourrait le rapprocher d'autres œuvres du XXe siècle – par exemple celle de Picasso : *Guernica*, qui dénonce les bombardements effectués par les nazis sur la ville de Guernica en 1937. Là aussi, le nombre des victimes fut très important.

● Les rescapés des camps de concentration et d'extermination veulent témoigner de ce qu'ils ont vécu, pour **rester fidèles à la mémoire de leurs compagnons massacrés, exterminés, brûlés dans des fours crématoires.** C'est une **mise en garde** aux générations actuelles : la guerre et le racisme sont des fléaux qui ne peuvent qu'apporter la mort.

# La Seconde Guerre mondiale

En septembre 1939, l'invasion de la Pologne par les armées allemandes déclenche la Seconde Guerre mondiale. L'Allemagne et les **puissances de l'Axe** dominent, mais à partir de 1942, les alliés reprennent l'avantage.

## I LES VICTOIRES DE L'AXE

### 1. Une guerre européenne

- **Hitler** veut occuper le **corridor de Dantzig** en Pologne, ce qui déclenche l'intervention de la France et du Royaume-Uni le 3 septembre 1939. Le pacte germano-soviétique d'août 1939 permet à l'Allemagne d'occuper l'ouest de la Pologne.
- L'Allemagne adopte une stratégie offensive, la « **guerre éclair** », et la France n'attaque pas, c'est « la drôle de guerre ».
- Après la Pologne, les Allemands occupent le Danemark, la Norvège, et en mai 1940, ils attaquent la Hollande, la Belgique et la France. Le 22 juin 1940, le maréchal **Pétain** signe l'**armistice** et l'Angleterre se retrouve seule dans la guerre. Les bombardements allemands vont durer un an contre le sud du Royaume-Uni, puis Hitler se retourne contre les pays d'Europe méditerranéenne et les occupe.

### 2. Un conflit mondialisé

- En juin 1941, Hitler attaque l'URSS et l'occupe jusqu'à la région de Moscou.
- En Asie, le Japon occupe la Chine et a fait la conquête depuis 1937 de vastes territoires, c'est le « Grand Japon ». En décembre 1941, l'aviation japonaise bombarde la base américaine de **Pearl Harbor** dans le Pacifique, ce qui provoque l'entrée en guerre des USA.
- En août 1941, USA et Angleterre signent la **charte de l'Atlantique**. Et après l'attaque allemande, l'URSS adhère également à cette charte.
- En Afrique du Nord, des combats opposent les troupes anglaises aux troupes allemandes et italiennes et en 1942 l'Afrikakorps du général allemand **Rommel** pénètre en Égypte.
- Désormais, l'Europe occupée vit selon l'ordre nouveau voulu par Hitler.

## II LA VICTOIRE DES ALLIÉS

À partir de la fin de 1942, les alliés prennent l'avantage, les puissances de l'Axe sont alors arrêtées, refoulées, puis vaincues.

## 1. Le reflux des puissances de l'Axe

● **En Méditerranée :** les alliés battent l'Afrikakorps à El Alamein en Égypte en octobre 1942, et débarquent en Afrique du Nord, ce qui provoque l'occupation de la zone libre en France en novembre 1942.

● **En URSS :** les Allemands assiègent **Stalingrad** à partir de septembre 1942, la ville leur résiste, et en février 1943, les Allemands capitulent. De 1943 à 1945, les Soviétiques repoussent les Allemands vers l'ouest et libèrent l'URSS (1944) puis l'Europe orientale et centrale et arrivent les premiers à Berlin.

● **Dans le Pacifique :** à partir de 1943, les Américains ont de nouveaux moyens pour l'emporter, en particulier des porte-avions géants. Ils portent l'attaque là où l'ennemi ne les attend pas. Malgré les avions suicides japonais, les Américains livrent avec succès des batailles aéronavales qui leur permettent de se rapprocher du Japon.

## 2. La défaite de l'Axe

● **À l'ouest :** les troupes alliées débarquées au sud de l'Italie progressent difficilement. En France, les alliés **débarquent en Normandie** le 6 juin 1944 sous le commandement du général **Eisenhower** et le second débarquement a lieu en Provence le 15 août. Les Allemands doivent affronter les attaques des alliés et de la Résistance, ils lancent une dernière offensive dans les Ardennes. Leur échec en décembre 1944 conduit à la libération de la France du Nord et de la Belgique.

● Les alliés pénètrent en Allemagne où ils découvrent les camps de concentration et rejoignent les Soviétiques en avril 1945. Au même moment, **Mussolini** est exécuté et Hitler se suicide.

Le 8 mai 1945, l'Allemagne envahie capitule.

● **En Asie :** les USA lancent deux bombes atomiques sur les villes japonaises de **Hiroshima** (6 août) et de **Nagasaki** (8 août). Le Japon capitule à son tour le 2 septembre 1945.

● Cette guerre laisse l'Europe en ruine, et devant l'horreur des camps de concentration et la peur des armes nucléaires, les alliés organisent le procès des responsables inculpés pour **crimes contre l'humanité**, c'est le cas **à Nuremberg**, entre novembre 1945 et octobre 1946.

ÉTUDE DE DOCUMENT

# L'appel du 18 juin

« Les chefs qui, depuis de nombreuses années, sont à la tête des armées françaises, ont formé un gouvernement. Ce gouvernement, alléguant la défaite de nos armées, s'est mis en rapport avec l'ennemi pour cesser le combat. Certes, nous avons été, nous sommes submergés par la force mécanique, terrestre et aérienne de l'ennemi. Mais le dernier mot est-il dit ? L'espérance doit-elle disparaitre ? La défaite est-elle définitive ? Non ! Croyez-moi, moi qui vous parle en connaissance de cause et qui vous dis que rien n'est perdu pour la France. Les mêmes moyens qui nous ont vaincus peuvent faire venir un jour la victoire. Car la France n'est pas seule. [...] Elle a un vaste empire derrière elle. Elle peut faire bloc avec l'Empire britannique qui tient la mer et continue la lutte. Elle peut, comme l'Angleterre, utiliser sans limites l'immense industrie des États-Unis. [...] Cette guerre est une guerre mondiale. [...] Foudroyés aujourd'hui par la force mécanique, nous pouvons vaincre dans l'avenir par une force mécanique supérieure. [...]
Moi, général de Gaulle, actuellement à Londres, j'invite les officiers et les soldats français, [...] les ingénieurs et les ouvriers spécialisés des industries d'armement qui se trouvent en territoire britannique ou qui viendraient à s'y trouver, à se mettre en rapport avec moi. Quoi qu'il arrive, la flamme de la Résistance française ne doit pas s'éteindre et ne s'éteindra pas. »

Discours du général de Gaulle, 18 juin 1940.

## 1. Questions

1. Précisez la situation militaire et politique à la date du texte.
2. D'après de Gaulle, sur quelles forces la France peut-elle compter ? Pourquoi parle-t-il de « guerre mondiale » ?
3. Pétain partage-t-il cette analyse ?
4. À qui la suite des événements donne-t-elle raison ?

## 2. Réponses

1. ● Ce texte est un **discours** prononcé par le général de Gaulle à la radio de Londres, le 18 juin 1940. Le 17 juin, de Gaulle a quitté Bordeaux pour Londres et, le 18, il lance son appel au **micro de la BBC**.

● À cette époque, la France est occupée par les Allemands ; après la défaite militaire, elle a demandé l'armistice à l'Allemagne. Le président du Conseil est alors le maréchal Pétain, qui a été appelé au pouvoir par le président de la République, en raison de la situation difficile de la France sur le plan militaire : on pense que le « vainqueur de Verdun » pourra régler cette situation militaire catastrophique. Or, Pétain pense qu'il faut cesser la guerre.

**2.** ● Pour de Gaulle, la France n'a pas encore perdu la guerre, mais seulement une bataille. Elle peut s'appuyer sur son **empire colonial**, en particulier sur les territoires africains, proches de la France. Elle peut compter sur l'**Angleterre**, qui poursuit la guerre, et sur l'aide économique des **États-Unis**. Il parle de « guerre mondiale », car le Japon a signé avec l'Allemagne en 1936 le « pacte antiKomintern » et il est son allié. Il est en guerre depuis 1937, après avoir attaqué la Chine.

● De Gaulle croit aussi que l'entrée en guerre des États-Unis est une question de temps, et ne saurait tarder. Roosevelt a mis en garde Hitler à plusieurs reprises à propos de sa politique agressive. Les États-Unis soutiennent déjà la Grande-Bretagne sur le plan économique et diplomatique. Ils possèdent des bases militaires non loin du territoire japonais.

**3.** Le maréchal **Pétain** est évidemment en désaccord avec cette analyse. Pour lui, la France n'est plus en état de combattre. Il partage en partie l'idéologie des vainqueurs et pense que l'Allemagne, alors victorieuse sur tous les fronts, ne peut que gagner la guerre. La France doit donc se préparer à occuper une place de choix dans l'Europe nazie, c'est pourquoi il demande l'**armistice**. Il s'engage plus tard dans la collaboration avec le régime nazi après l'entrevue de Montoire avec Hitler le 22 octobre 1940.

**4.** ● **La suite des événements donne raison au général de Gaulle**. En juin 1941, l'Allemagne nazie attaque l'URSS, qui se retrouve alliée du Royaume-Uni. En décembre 1941, après l'attaque de la base américaine de Pearl Harbor par le Japon, les États-Unis entrent en guerre aux côtés du Royaume-Uni et de l'Union soviétique.

● Ainsi, cette guerre devient réellement mondiale, ce que Hitler n'avait pas prévu. Les forces économiques des États-Unis, la puissance militaire de l'URSS rétablissent l'équilibre des forces en présence. L'Allemagne doit désormais combattre sur plusieurs fronts, et les Alliés obtiennent peu à peu un avantage économique et militaire certain.

● La puissance des Alliés finira par l'emporter, après six ans de rudes combats.

## L'Europe à la fin de l'année 1942

## L'Europe en 1945

# Le bilan de la Seconde Guerre mondiale : une guerre d'anéantissement

Le bilan de la Seconde Guerre mondiale pèse particulièrement lourd. Il incite les Alliés à travailler à la reconstruction de l'Europe et du monde, au cours de plusieurs conférences internationales.

## I 1945 : UN MONDE À RECONSTRUIRE

### 1. Un bilan humain et psychologique dramatique

- La guerre a fait **55 millions de morts**, la démographie est perturbée (déficit des naissances, surmortalité masculine). Les réfugiés se comptent par dizaines de millions.

- La population manque de tout. Le rationnement répartissant les denrées disponibles subsiste jusqu'en 1949.

- Le monde entier est bouleversé par la découverte des atrocités nazies. Un tribunal international juge à **Nuremberg** (1945-1946) les responsables de ces crimes. Ce tribunal définit une nouvelle notion de droit international : le « **crime contre l'humanité** ».

### 2. Les destructions matérielles

- Les destructions sont massives – routes, voies ferrées, usines, logements – en Europe et en Asie.

- L'utilisation de la bombe atomique par les États-Unis fait craindre la puissance de cette arme.

## II LES RÈGLEMENTS DU CONFLIT

### 1. Les conférences de 1945 et leurs résultats

- **La conférence de Yalta en février 1945** : elle réunit les États-Unis, la Grande-Bretagne et l'URSS. **Roosevelt** obtient que l'URSS déclare la guerre au Japon. **Staline** espère annexer des territoires pour étendre l'URSS. À la suite de cette conférence est signée la « charte de l'Europe libérée » qui prévoit dans la plupart des pays l'instauration de gouvernements démocratiques élus.

- **La conférence de Potsdam en juillet-août 1945** : elle réunit les mêmes pays, mais Roosevelt, décédé, est remplacé par le président Truman. Cette conférence règle le sort de l'Allemagne : elle devra payer des réparations, être désarmée, dénazifiée.

### 2. Les autres règlements du conflit

- Le Japon passe sous protectorat américain, il est démilitarisé et reçoit une nouvelle Constitution préparée par les États-Unis. Il perd toutes ses conquêtes.
- L'Italie perd toutes ses colonies.

### 3. La création de l'ONU

- Pour maintenir la paix, les Américains et les Britanniques proposent la création d'une nouvelle organisation internationale pour remplacer la SDN : **l'Organisation des Nations unies**, qui est créée lors de la conférence de San Francisco en avril-juin 1945. Cette organisation, qui comporte une assemblée générale formée de tous les pays membres, adopte en 1948 à Paris **la « Déclaration universelle des droits de l'homme »**. Elle définit des droits nouveaux : droit à l'éducation, au travail, à la santé, à la culture...

## III LES NOUVELLES FRONTIÈRES DE L'EUROPE ISSUES DES CONFÉRENCES DE 1945

- L'Allemagne est divisée en quatre zones d'occupation, ainsi que sa capitale Berlin. Les pays occupants sont les États-Unis, la Grande-Bretagne et la France à l'ouest, et l'URSS à l'est.
- La Pologne annexe des territoires allemands à l'ouest. L'URSS annexe les pays Baltes, une partie de la Finlande, de la Pologne, de la Roumanie. La Yougoslavie étend son territoire aux dépens de l'Italie.

## IV UN NOUVEL ORDRE MONDIAL

### 1. Le système monétaire international

- En juillet 1944, à Bretton Woods, 44 pays créent un nouveau système monétaire international. Il repose sur l'or, mais aussi sur le dollar, qui devient une devise-clé. **Un Fonds monétaire international (FMI)** est aussi créé, pour stabiliser les monnaies les unes par rapport aux autres. **Une Banque internationale pour la reconstruction et le développement (BIRD)** finance la reconstruction des États-membres.

### 2. Un monde dominé par deux grandes puissances

- La situation des **États-Unis** explique cette **suprématie du dollar**. Ils possèdent 75 % de l'or mondial et dominent le commerce international. Ils ont fourni des marchandises à tous les pays en guerre et n'ont connu aucune destruction sur leur sol.
- L'URSS demeure une puissance militaire et politique. L'influence des partis communistes dans de nombreux pays s'est développée pendant la guerre. **Moscou reste le phare du communisme international.**

# Les crimes nazis : de la persécution au génocide

**Hitler** applique à l'ensemble des territoires occupés par l'Allemagne durant la Seconde Guerre mondiale ses projets idéologiques pour affirmer la supériorité de la « **race aryenne** » et utiliser au profit de l'Allemagne une grande zone économique.

## I LA MISE EN PLACE D'UN ORDRE NOUVEAU

### 1. Le projet idéologique nazi

- Reposant sur le livre d'Hitler, *Mein Kampf*, et sur la théorie de l'espace vital nécessaire à la croissance de l'Allemagne, les nazis classent les populations européennes.

- Certaines doivent disparaitre comme les Juifs ou les Tziganes, d'autres sont réduites en esclavage comme les Slaves (3 millions à l'est). Quelques groupes comme les Scandinaves peuvent être associés à la grande Allemagne.

### 2. L'Europe occupée

- Les premières actions ont lieu dès 1941 et en Allemagne avec l'extermination des malades mentaux, des handicapés et de groupes qualifiés d'asociaux par les nazis.

- Parallèlement, les opposants sont également traqués et déportés dans des camps, puis ce sont les prisonniers de guerre soviétiques. Ces camps, par les conditions de vie et le travail forcé imposés aux détenus, engendrent de fortes mortalités.

- Les ressources et la main-d'œuvre utilisables dans des États occupés comme la Pologne sont réquisitionnées et les **ghettos** dans les grandes villes comme Varsovie condamnent la population juive à une mort lente.

### 3. La solution finale (voir fiche 9)

- La stratégie globale des nazis se construit alors que la guerre d'anéantissement contre l'URSS dès juin 1941 s'accompagne le long du front est de fusillades de masse.

- Près de 1 million de Juifs sont ainsi exécutés en URSS. Mais aussi en Pologne et dans les États baltes.

- En janvier 1942, la conférence de **Wannsee** lance la « solution finale » c'est-à-dire la décision secrète d'anéantir la communauté juive d'Europe.

## II CONCENTRATION ET EXTERMINATION

### 1. L'univers concentrationnaire

- Construits dès 1933 (Dachau) les camps de concentration sont d'abord ouverts pour les Juifs, les opposants politiques, les homosexuels ou les condamnés de droit commun. L'utilisation dès 1942 des chambres à gaz montre le passage à une extermination industrielle et des déportés arrivent par train de toute l'Europe et surtout des ghettos progressivement détruits.

- Les plus grands camps comme **Auschwitz-Birkenau** sont aussi des camps d'extermination et de travail où s'installent les grandes entreprises allemandes.

### 2. Les camps d'extermination

- 6 millions de Juifs et 200 000 Tziganes sont exécutés dans ces camps. Leur existence reste secrète et Himmler ordonne en 1944 de détruire les chambres à gaz et les fours crématoires pour ne pas laisser de traces. Malgré tout, de nombreux Juifs sont au courant et, en avril 1943, ils résistent, comme dans le ghetto de Varsovie, à l'annonce de la déportation des derniers habitants. De même, dans le camp de **Sobibor,** les déportés se soulèvent. Certains participent à des mouvements de résistance et à des sabotages contre l'occupant.

## III LA CONDAMNATION DES CRIMES NAZIS

### 1. La libération des camps

- Les alliés ayant donné la priorité aux opérations militaires, ils ne tentent pas d'interrompre le **génocide** en cours. Les soldats alliés découvrent l'horreur des camps en libérant les territoires occupés et en entrant sur le territoire allemand. À l'ouest, les Américains et les Britanniques vont obliger les populations allemandes à visiter les camps ou à voir des films d'archives sur l'univers concentrationnaire, comme ce que réalise le général **Patton à Buchenwald**.

### 2. Le procès de Nuremberg

- Du 18 octobre 1945 au 1er octobre 1946, les alliés jugent à Nuremberg les grands dirigeants du régime nazi. Pour la première fois, les mots **de génocide et de «crime contre l'humanité»** sont utilisés. Les trois grandes puissances affirment également la responsabilité du peuple allemand qui doit être rééduqué et dénazifié. C'est dans la zone soviétique que cette dénazification est la plus brutale.

- Toutefois, beaucoup de nazis prennent la fuite, d'autres ne sont pas poursuivis et l'intérêt des médias retombe après le procès.

- Dans un nouveau contexte de guerre froide, la réconciliation avec l'Allemagne devient prioritaire.

# La France sous l'occupation et le régime de Vichy

L'**armistice** de juin 1940 consacre la défaite de la France et la fin de la IIIe République. Un régime autoritaire est mis en place et choisit de collaborer avec les Allemands.

## I LA DÉFAITE ET LA FIN DE LA IIIe RÉPUBLIQUE

### 1. La fin de la IIIe République

● Le 10 mai 1940, l'armée allemande lance une offensive éclair contre la Belgique, la Hollande et la France. Paris est occupée dès le 14 juin tandis que 8 millions de civils partent sur les routes de France bombardées par l'aviation allemande. L'Italie à son tour déclare la guerre à la France le 10 juin.

### 2. La Révolution nationale

● Le gouvernement français est très divisé et le président du Conseil **Paul Reynaud** démissionne le 16 juin et fait appel à un homme providentiel, le maréchal **Pétain**, héros de la bataille de Verdun en 1916. Les députés désorientés donnent les pleins pouvoirs au Maréchal pour faire une nouvelle Constitution.

● Pétain juge la situation militaire irréversible et décide de demander l'armistice qui est signé le 22 juin 1940 et coupe le pays en deux par une **ligne de démarcation**. La zone nord est occupée, l'Alsace-Lorraine est annexée par l'Allemagne. Au sud, s'organise « l'État français », dirigé par le maréchal Pétain et installé en zone libre à Vichy.

● En ce qui concerne la place de la France dans la guerre, deux visions s'opposent, celle de Pétain et celle du général **de Gaulle** qui s'adresse aux Français par le discours du 18 juin 1940 et les incite à poursuivre le combat. Il répond ainsi depuis Londres au discours de Pétain qui prépare les Français à la collaboration avec l'Allemagne.

## II LE RÉGIME DE VICHY

### 1. La mise en place du régime

● Le 10 juillet 1940, Pétain met fin à la IIIe République et pose le lendemain les bases d'un nouveau régime. Le chef de l'État concentre le pouvoir exécutif et législatif, les assemblées doivent être convoquées par Pétain. Il s'agit donc d'un régime autoritaire qui rompt avec la démocratie et la république.

### 2. Le régime politique de la France de Vichy

● La devise du nouveau régime est « Travail, famille, patrie » et la défaite est largement attribuée au déclin des valeurs traditionnelles de la France et à la IIIe République. Le maréchal Pétain apparait comme un sauveur et un culte de la personnalité se construit autour de lui. La **propagande** du régime dénonce les Juifs, les immigrés et les communistes.

### 3. Réaction et exclusion

● La réaction se réalise d'abord contre les partis politiques traditionnels et contre les syndicats, le droit de grève disparait, et en 1942, des hommes de premier plan de la IIIe République sont traduits en justice comme **Blum** et **Daladier**. Ils sont jugés responsables de la défaite.
Deux statuts des Juifs sont adoptés en 1940 et 1941. La politique de collaboration du régime va les livrer aux Allemands.

## III LA COLLABORATION DU RÉGIME DE VICHY

### 1. La France soumise à l'Allemagne

● Dans la France occupée au nord de la ligne de démarcation, les Allemands mutiplient les arrestations, traquent les Juifs et les résistants. Partout, les réquisitions allemandes et la limitation des échanges rendent le ravitaillement difficile et les Français souffrent de la pénurie alimentaire. Le **marché noir** (commerce clandestin) se développe.

● La collaboration commence le 24 octobre 1940 lorsque Pétain rencontre **Hitler** à Montoire. Les autorités françaises vont être poussées à des concessions de plus en plus nombreuses, espérant obtenir un allègement des conditions difficiles imposées par l'occupant et une libération des prisonniers de guerre.

### 2. L'évolution de la politique de collaboration

● La collaboration se présente d'abord comme une collaboration d'État, ainsi les rafles du 16 et 17 juillet 1942, qui conduisent 13 000 personnes au **Vél'd'Hiv** (Vélodrome d'hiver), sont encadrées par la police française. Au total, 75 000 Juifs sont déportés depuis la France.

● La collaboration est aussi l'œuvre de Français proches idéologiquement des nazis. La **milice** française torture et assassine les résistants, d'autres iront combattre avec l'armée allemande.

● Toutefois, cette collaboration connait un tournant le 11 novembre 1942 avec l'**invasion de la zone libre** qui enlève au gouvernement de Vichy l'argument du maintien d'une souveraineté nationale française dans la zone sud.

# La Résistance et la libération de la France

L'appel du 18 juin 1940 du général **de Gaulle** invitant à poursuivre le combat est l'acte fondateur de la Résistance face à la collaboration annoncée le 17 juin 1940 par le maréchal **Pétain**.

## I LA NAISSANCE DE LA RÉSISTANCE

### 1. Le rôle de de Gaulle

● Le général de Gaulle, ex-sous-secrétaire d'État à la Guerre, semble bien seul lorsqu'il invite depuis Londres les Français à le rejoindre. Il obtient cependant la reconnaissance et l'aide financière du gouvernement britannique. La France libre compte alors 7 000 hommes.

### 2. Les Forces françaises libres (FFL)

● Les **FFL** forment une armée autonome qui se différencie de l'armée britannique et qui va combattre aux côtés des alliés, notamment en Afrique du Nord. Cette France libre continue de communiquer avec la métropole par ses émissions de radio et ses premiers réseaux de renseignements clandestins. D'autre part, de Gaulle a rallié à sa cause une partie de l'empire colonial français (l'AEF ou Afrique-Équatoriale française).

### 3. La Résistance intérieure

● Les débuts de cette Résistance sont marqués par des initiatives spontanées et une faible organisation. En zone occupée, la Résistance apparait plus tôt qu'en zone libre où beaucoup soutiennent encore le régime de Vichy. Progressivement, des groupes se constituent et utilisent **les tracts et journaux** pour **mobiliser l'opinion française**. Ils constituent aussi des filières de départ vers la zone libre ou l'Angleterre pour les Juifs ou des aviateurs anglais.

● Il faut attendre mai-juin 1941 et l'attaque de l'URSS par l'Allemagne pour que les communistes s'engagent dans la Résistance.

## II L'UNIFICATION DE LA RÉSISTANCE

### 1. De nouveaux résistants

● L'arrivée des communistes apporte à la Résistance des militants capables d'organiser des sabotages et des attentats contre l'occupant. Début 1943, les travailleurs qui refusent de partir **au STO (service travail obligatoire)** rejoignent les **maquis**.

### 2. Un autre gouvernement français

- Le général de Gaulle a obtenu le ralliement d'une partie de l'empire colonial et, dès le débarquement en Afrique du Nord, il installe le CFLN (Comité français de Libération nationale), une autorité française rivale de Vichy dont la capitale est Alger.

### 3. L'unité de la Résistance

- De Gaulle décide d'unifier la Résistance intérieure en envoyant **Jean Moulin** coordonner les différents groupes. Le 27 mai 1943, le Conseil national de la Résistance (CNR) est créé et en 1944 il établit un programme pour refonder la république à la Libération.

## III LA LIBÉRATION DU TERRITOIRE

### 1. Une libération à partir de juin 1944

- Deux débarquements, celui du 6 juin 1944 en Normandie et celui de Provence en août, vont permettre de libérer la France. Paris est à son tour libéré le 24 août grâce aux résistants parisiens et à la deuxième division blindée de **Leclerc** assistée des forces américaines. La Résistance intérieure a aidé cette libération par des renseignements et des sabotages et une guérilla qui a harcelé les troupes allemandes.

### 2. Le gouvernement provisoire

- De Gaulle s'installe à Paris dès août 1944 et forme le Gouvernement provisoire de la République française (GPRF). Il fait ainsi de la France une puissance participante à la libération du pays et évite à la France libérée un gouvernement d'occupation dirigé par les alliés.

- La fin de la guerre pose le problème du rôle du CNR et des forces de la Résistance comme le parti communiste dans le nouveau régime politique.

- La question la plus pressante est celle des poursuites contre les responsables de la collaboration dans un pays en reconstruction et aux prises avec des destructions matérielles.

ÉTUDE DE DOCUMENT

# La collaboration

« Français !
J'ai rencontré jeudi dernier le Chancelier du Reich. Cette rencontre a suscité des espérances et provoqué des inquiétudes. [...] Une telle entrevue n'a été possible, quatre mois après la défaite, que grâce à la dignité des Français devant l'épreuve, grâce à l'immense effort de régénération auquel ils se sont prêtés, grâce aussi à l'héroïsme de nos marins, à l'énergie de nos chefs coloniaux, au loyalisme de nos populations indigènes. [...]
C'est librement que je me suis rendu à l'invitation du Führer [...]. Une collaboration a été envisagée entre nos deux pays. J'en ai accepté le principe [...].
C'est dans l'honneur et pour maintenir l'unité française – une unité de dix siècles – dans le cadre d'une activité constructive du nouvel ordre européen que j'entre aujourd'hui dans la voie de la collaboration. Ainsi pourrait être assouplie la ligne de démarcation et facilités l'administration et le ravitaillement du territoire. Cette collaboration doit être sincère. [...]
La France est tenue par des obligations nombreuses vis-à-vis du vainqueur. Du moins reste-t-elle souveraine. Cette souveraineté lui impose de défendre son sol, d'éteindre les divergences de l'opinion, de réduire les dissidences de ses colonies. Cette politique est la mienne. Les ministres ne sont responsables que devant moi. C'est moi seul que l'histoire jugera. Je vous ai tenu jusqu'ici le langage du père, je vous tiens aujourd'hui le langage d'un chef. Suivez-moi, gardez votre confiance en la France éternelle. »

Discours radiodiffusé du maréchal Pétain, 30 octobre 1940.

## 1. Questions

**1.** Quelle est la situation politique et militaire de la France à la date du texte ?

**2.** Quels avantages le maréchal Pétain espère-t-il obtenir de la collaboration ?

**3.** Dans le texte, quelles sont les allusions à la « Révolution nationale » ?

**4.** À propos du nouveau régime instauré en France, peut-on parler de démocratie parlementaire ? Pourquoi ?

## 2. Réponses

**1.** ● En octobre 1940, vaincue par l'Allemagne, la France a dû accepter un dur **armistice**. Elle est divisée en deux parties délimitées par une « ligne de démarcation » : une **zone occupée** par les vainqueurs (partie nord) et une **zone dite « libre »**. En principe, la souveraineté de l'État français reste entière sur l'ensemble du pays, mais, dans la réalité, la zone nord occupée est remaniée : une partie rattachée à la Belgique (le Nord), une zone réservée (Alsace-Moselle), une zone interdite (l'Est).

● Les côtes occidentales sont également occupées. Les prisonniers de guerre ne sont pas libérés. La France doit payer des **indemnités** d'occupation. L'armée française est réduite et désarmée.

● Sur le plan politique, la république a disparu. Le maréchal Pétain, appelé au pouvoir par le dernier président de la III^e^ République (Lebrun), a instauré un « ordre nouveau », le Parlement a été dissous, le nouveau régime s'appelle « l'État français » et la politique repose sur la « Révolution nationale ».

**2.** En **collaborant** avec l'Allemagne de Hitler, le maréchal espère un assouplissement de l'occupation, une amélioration de la condition des prisonniers de guerre. Il croit aussi à la victoire de l'Allemagne : il fait allusion au « nouvel ordre européen », dominé par l'Allemagne nazie, où il espère que la France aura une place privilégiée.

**3.** ● Dans ce discours, on voit apparaitre des allusions à la Révolution nationale : la « régénération » évoque son opposition à la France de 1939. Pour Pétain, la III^e^ République et les partis de gauche, les syndicats, tous ceux qui ont participé au Front populaire sont responsables de la défaite, en accordant une vie trop facile aux travailleurs (congés payés). Il parle aussi d'« éteindre les divergences de l'opinion » : désormais le **multipartisme** est interdit, les syndicats aussi et il n'y aura pas d'élections.

● Quant aux colonies, certaines entrent en dissidence : ainsi en août 1940, le gouverneur général de l'Afrique-Équatoriale française (AEF), Félix Éboué, se rallie au général de Gaulle et finit par entrainer avec lui toute l'AEF, qui devient le premier territoire africain de la France libre.

**4.** ● La dernière partie du texte montre qu'on ne peut plus parler de « démocratie parlementaire ». Le Parlement n'existe plus, les partis politiques sont dissous. Le chef de l'État confond dans sa personne les pouvoirs législatif et exécutif.

● Les ministres sont responsables devant lui seul, et le gouvernement n'est pas responsable devant le Parlement comme cela est le cas dans une démocratie parlementaire. La fonction même du chef de l'État est mal définie. On ne parle pas de président, le texte évoque le « père » (paternalisme) puis le « chef », ce qui déresponsabilise les citoyens et se rapproche des **régimes totalitaires** d'Europe. Comme dans ces derniers, le **culte de la personnalité** exalte la personne du Maréchal.

# La guerre froide : 1947-1962

À partir de 1947, les États-Unis et l'URSS s'opposent, mais jamais directement : il s'ensuit une série de crises plus ou moins graves.

## I LA FIN DE LA GRANDE ALLIANCE : LA RUPTURE (1947)

- Dans l'Europe de 1947, les populations vivent difficilement. Au plan politique, si les institutions libres ont été recréées à l'Ouest, des gouvernements communistes s'installent à l'Est.

- Les Américains proposent, en juin 1947, **le plan Marshall**, aide matérielle et financière pour relever les pays européens. Seize pays l'acceptent, l'URSS et les pays d'Europe de l'Est le refusent. En septembre 1947, un organisme réunit les partis communistes européens (**Kominform**). Les États-Unis et leurs alliés s'opposent à l'URSS et à l'Europe de l'Est : **le monde est divisé en deux blocs rivaux**.

- Le **bloc américain** réunit les pays de démocratie libérale. Ceux qui ont accepté le plan Marshall forment l'Organisation européenne de coopération économique. Les États-Unis signent de nombreuses alliances militaires. Ils unissent les pays occidentaux dans une organisation militaire défensive : l'**OTAN**.

- Le **bloc soviétique** est constitué des pays d'Europe de l'Est prosoviétiques : les démocraties populaires. La **Tchécoslovaquie** et la Hongrie le rejoignent en 1948. Ces pays ont une économie planifiée et un parti unique, comme en URSS. Ils signent des accords militaires avec l'URSS (pacte de Varsovie) et nouent entre eux des liens économiques (CAEM : Conseil d'assistance économique mutuelle).

## II DES CRISES AIGUËS (1948-1953)

Les deux blocs s'affrontent indirectement au cours de plusieurs crises.

### 1. En Europe

- En Tchécoslovaquie, les communistes prennent le pouvoir en 1948 : c'est le « coup de Prague ».

- À l'ouest de l'Allemagne, les Occidentaux prévoient de rétablir un État indépendant. **Staline** proteste : il bloque l'accès de Berlin-Ouest qui n'est plus ravitaillé que par un pont aérien mis en place par les États-Unis (1948-1949). Le **blocus** est levé en 1949. L'Allemagne se divise en deux États : la **RFA**, démocratie libérale, à l'ouest, et la **RDA**, démocratie populaire, à l'est.

### 2. En Asie

- Depuis 1946, **la guerre d'Indochine** oppose la France aux révoltés indochinois soutenus par l'URSS.
- En 1949, les communistes de **Mao Zedong** prennent le pouvoir en Chine.
- Dès 1945, **la Corée** se coupe en deux États : le Nord, prosoviétique, et le Sud, pro-occidental. En 1950, le Nord envahit le Sud. Les États-Unis interviennent et occupent le Nord. La guerre se termine en 1953 par un retour au *statu quo*.

### 3. Au Moyen-Orient

- Cette région est peuplée d'Arabes et de nombreuses minorités. Les Juifs installés en **Palestine** après 1919 demandent la création d'un État juif (**Israël**). L'ONU divise le pays en deux États, l'un juif, l'autre arabe (1947).
- Les pays arabes voisins, en désaccord, attaquent Israël qui a proclamé son indépendance en 1948. Après la victoire d'Israël soutenu par les États-Unis, les Palestiniens émigrent vers les pays voisins.

## III UNE PÉRIODE DE DÉTENTE (1953-1962) (carte page 45)

### 1. La mort de Staline et ses conséquences

- Après la mort de Staline, l'URSS et les États-Unis adoptent une attitude moins agressive. Ils possèdent désormais **la bombe H** : des tensions peuvent conduire à une guerre atomique.
- En URSS, **Khrouchtchev** dénonce les crimes de Staline au xx$^{e}$ congrès du Parti communiste soviétique (1956). Il admet une coexistence pacifique entre les deux blocs.
- En **Pologne** et en **Hongrie**, des manifestants obtiennent le départ des dirigeants staliniens. Mais la Hongrie veut quitter le pacte de Varsovie. L'URSS refuse et écrase la révolte dans le sang. Les États-Unis protestent, mais n'interviennent pas.

### 2. Les dernières crises : Berlin et Cuba

- En août 1961, la RDA sépare par **un mur les deux parties de Berlin**, pour empêcher la fuite en RFA des Allemands de l'Est.
- En 1962, à Cuba, **Fidel Castro**, allié de l'URSS, accepte sur son sol des missiles nucléaires soviétiques. Le Président américain **Kennedy** proteste et contraint l'URSS à retirer ses armes.
- Moscou et Washington font alors installer une ligne Télex entre les deux capitales : **le téléphone rouge**. Un dialogue peut désormais s'instaurer.

## Le monde à la fin des années 1950 : un monde bipolaire

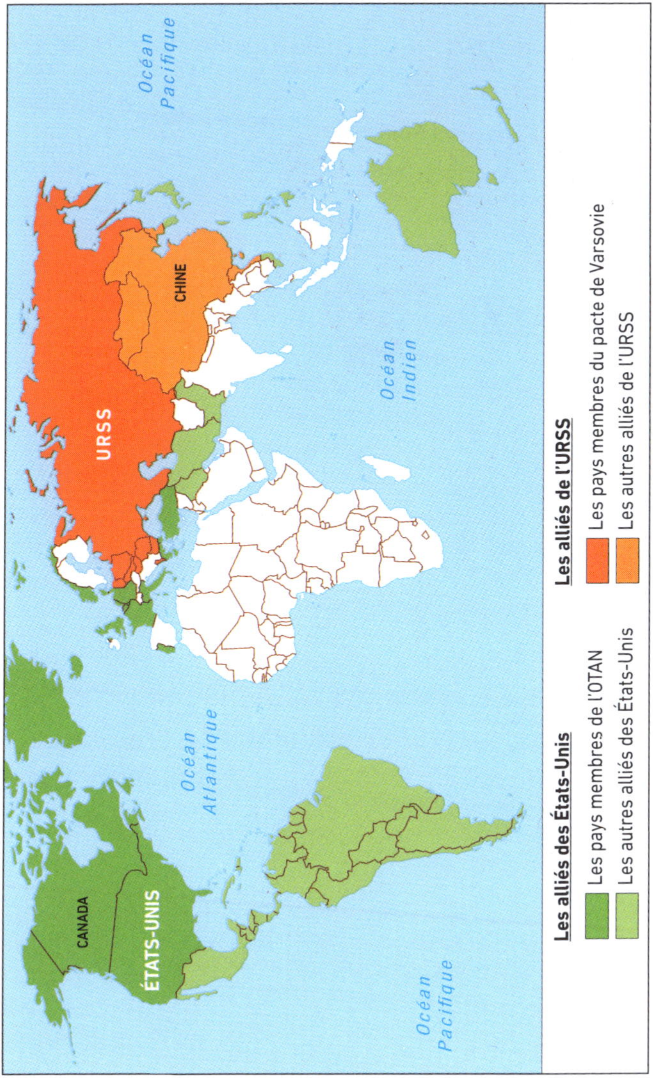

## La décolonisation : l'exemple de l'Afrique

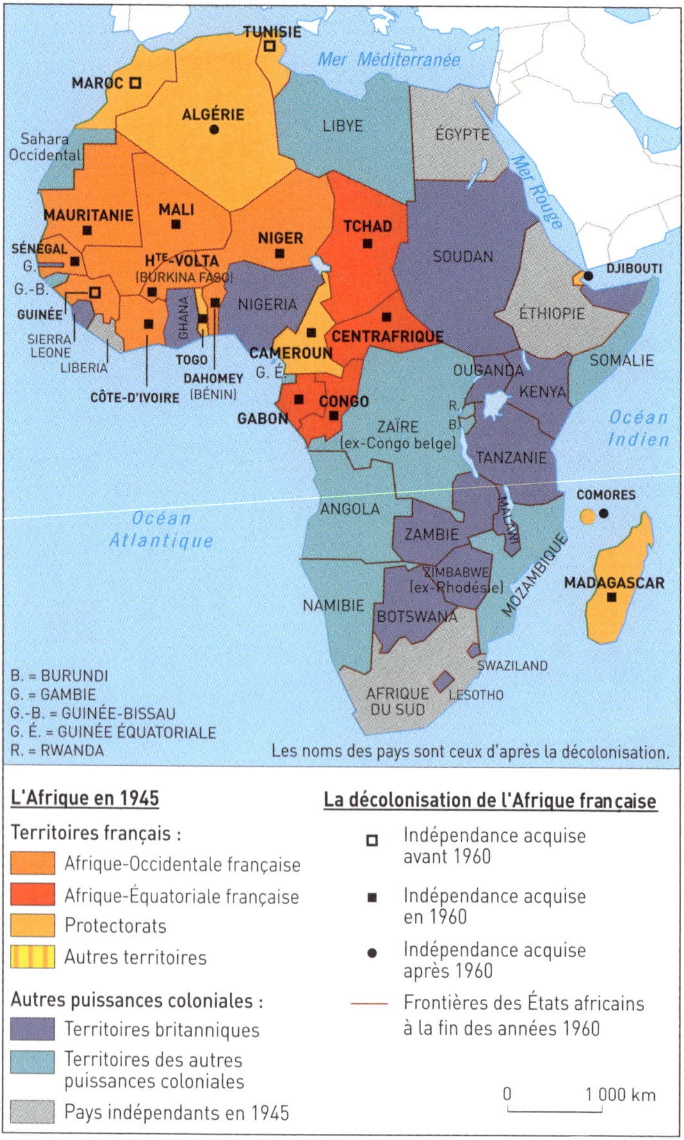

# La décolonisation

Après la guerre de 1939-1945, les empires coloniaux s'effondrent en quelques années. Cette décolonisation s'effectue par étapes : elle débute en Asie, puis s'étend à l'Afrique.

## I ORIGINES ET CHRONOLOGIE DE LA DÉCOLONISATION

### 1. Des causes liées à la guerre

- Les pays colonisés profitent de l'affaiblissement des Européens pour revendiquer leur **indépendance**.
- Les puissances coloniales ont été ruinées par la guerre. Elles ont fait appel à leurs colonies pour se procurer des troupes ou des matières premières. Les colonies ont donc participé à la victoire et souhaitent profiter de cet avantage.
- Les élites indigènes, classes dirigeantes à la tête des mouvements nationalistes, veulent retrouver leur culture et leur liberté, et critiquent les métropoles.
- Les États-Unis, anciennes colonies britanniques, et l'URSS, pour qui le colonialisme constitue la marque de l'impérialisme, sont partisans d'une décolonisation.
- Les organisations internationales, dont **l'ONU**, proclament l'égalité des peuples et leur droit à disposer d'eux-mêmes. Les premiers États indépendants apportent leur soutien aux pays encore colonisés.

### 2. La chronologie des indépendances

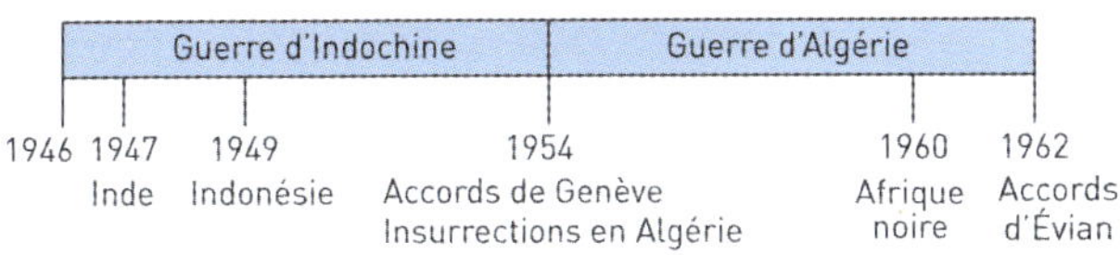


## II LA FIN DES COLONIES BRITANNIQUES : L'EXEMPLE DE L'INDE

### 1. L'initiative britannique

- L'Inde britannique est considérée comme le « joyau de l'Empire ». Mais, dès les années 1880, apparaissent les premières manifestations nationalistes.

Après 1918, ces mouvements s'amplifient : **Gandhi** réclame l'autonomie de son pays, mais avec des moyens pacifiques.

● L'Inde est divisée en deux communautés : les hindous et les musulmans. Gandhi (hindouiste) est partisan du maintien de l'unité entre les deux communautés, mais les musulmans y sont opposés. En 1947, la Grande-Bretagne accorde finalement l'indépendance à l'Inde et la divise en deux États : **l'Union indienne**, hindouiste, et le **Pakistan**, musulman.

### 2. Les conséquences de la décolonisation

● Peu à peu, à la suite de conflits ou de négociations, les pays d'Europe accordent la liberté aux territoires asiatiques. L'Indonésie est libérée en 1949 et la guerre d'Indochine se termine en 1954. À la fin des années 1950, la décolonisation de l'Asie est pratiquement achevée.

## III LA FIN DES COLONIES FRANÇAISES D'AFRIQUE (carte page 46)

La décolonisation de l'Afrique est plus tardive et revêt deux formes.

### 1. La décolonisation pacifique

● La **Tunisie** et le **Maroc**, protectorats français, acquièrent leur indépendance en 1956 par la négociation. La IVe République prépare l'accès à l'autonomie des territoires d'**Afrique noire** par des lois (1956) qui accordent aux différents territoires des Assemblées élues. En 1958, **de Gaulle** propose aux colonies de devenir autonomes au sein d'une communauté française. En 1960, ces colonies demandent et obtiennent leur indépendance.

### 2. La décolonisation violente

● L'**Algérie** représente trois départements français, où les 8,7 millions de musulmans n'ont pas les mêmes droits que les 984 000 Européens. Dès 1945, des émeutes éclatent. Les nationalistes du **Front de libération nationale** (FLN), qui réclament l'indépendance du pays, organisent le 1er novembre 1954 une série d'attentats : c'est le début de la guerre d'Algérie. En 1956, les militaires français sont envoyés sur place. Assassinats et tortures se multiplient.

● En 1958, de Gaulle envisage d'abord de conserver l'Algérie en France, puis, devant la détermination du FLN, il propose l'autonomie, qui est refusée. La situation semble alors bloquée. Les combats s'intensifient. En 1961, la France engage avec le FLN des négociations qui aboutissent en 1962 aux **accords d'Évian** : l'Algérie obtient son indépendance. Un million d'Européens résidant en Algérie regagnent la France.

# De la détente à la fin de la guerre froide 1962-1991

À partir de 1963, les deux grands veulent limiter la course aux armements, chacun d'eux connaissant des difficultés internes. Cependant, des guerres locales se poursuivent. Entre 1989 et 1991, l'effondrement de l'URSS marque la fin de la guerre froide.

## I LA COEXISTENCE PACIFIQUE

### 1. Désarmement et détente

- Les États-Unis et l'URSS signent **les accords SALT** (Strategic Arms Limitation Talks) à Moscou pour limiter les dépenses d'armement.
- En Europe, **les accords d'Helsinki** signés en 1975 confirment les frontières européennes nées de la Seconde Guerre mondiale et garantissent le respect des droits de l'homme.

### 2. Difficultés internes des deux blocs

- À l'ouest, les États-Unis se heurtent à **de Gaulle**. La France quitte l'**OTAN** en 1966.
- À l'Est, la déstalinisation est contestée par la Chine de **Mao Zedong**. L'URSS et la Chine rompent leurs relations en 1963. En Pologne et en Tchécoslovaquie (1968, le printemps de Prague), les mouvements contestataires sont réprimés par les troupes du pacte de Varsovie.

### 3. Persistance des conflits régionaux

- **Au Vietnam**, les États-Unis interviennent militairement contre le Nord, mais en 1973, le Président Nixon signe les accords de Paris et retire ses troupes.
- Au Moyen-Orient, **Israël** s'oppose à ses voisins arabes (guerre des Six-Jours, en 1967, et guerre du Kippour, en 1973), et **les Palestiniens** se tournent vers l'Organisation de libération de la Palestine de **Yasser Arafat** (OLP créée en 1964).

## II DE NOUVELLES TENSIONS

Au milieu des années 1970, les relations se tendent de nouveau entre les deux grands.

### 1. L'URSS étend son influence

- **En Afrique**, l'URSS appuie politiquement et économiquement les gouvernements marxistes (l'Angola, le Mozambique et l'Éthiopie).

● **En Amérique**, elle finance des groupes révolutionnaires et intervient militairement en Afghanistan pour maintenir le régime communiste.

### 2. La riposte des États-Unis

● Dès 1980 et la présidence de **Reagan**, les États-Unis contre-attaquent en Afrique et en Amérique latine.

● En Europe, en réponse aux **fusées SS 20** soviétiques, les États-Unis installent en 1983 des **fusées Pershing** en Europe occidentale.

### 3. Les conflits du Moyen-Orient

● En Iran, **l'ayatollah Khomeiny** instaure une république islamique et l'Irak attaque l'Iran, la guerre dure près de dix ans (1980-1988). Au **Liban**, la guerre civile éclate entre chrétiens et musulmans, tandis que la Syrie occupe le nord du pays et qu'Israël fait des incursions militaires au sud.

## III L'EFFONDREMENT DE L'URSS

### 1. Une nouvelle situation internationale

● En 1985, **Mikhaïl Gorbatchev** arrive au pouvoir en URSS, il envisage des réformes politiques pour démocratiser l'URSS (**glasnost**) et des réformes économiques (**perestroïka**).

● Certains conflits se terminent : les troupes soviétiques quittent l'Afghanistan (1988), l'Irak et l'Iran signent un cessez-le-feu (1988) et le Vietnam évacue le Cambodge en 1989.

### 2. Une crise profonde en URSS

● Les réformes économiques échouent. Les républiques proclament leur indépendance. En 1991, Gorbatchev démissionne et l'URSS laisse place à **la CEI (Communauté des États indépendants)** dont les membres ne sont unis que par des liens économiques.

### 3. La chute des régimes communistes de l'Europe de l'Est

● **Le mur de Berlin** est ouvert en novembre 1989 et l'Allemagne est réunifiée en 1990.

● **Le pacte de Varsovie est dissous.** À partir de 1990, les anciennes démocraties populaires souhaitent adopter des économies libérales. Le CAEM qui unissait économiquement ces pays à l'URSS est supprimé en 1991 mais les difficultés économiques restent importantes.

● Des **conflits ethniques** réapparaissent, en Yougoslavie, les Serbes majoritaires s'opposent à partir de 1991 aux diverses républiques qui composaient le pays, entrainant plusieurs conflits armés. Six États sont issus de cette division.

# Le monde depuis les années 1990

En décembre 1991, l'effondrement de l'URSS fait des États-Unis une superpuissance qui organise un nouvel ordre mondial mais, en moins de dix ans, les réalités internationales vont mener à un véritable désordre mondial.

## I UN NOUVEL ORDRE MONDIAL

### 1. La fin de l'URSS

● À la fin de **1991**, les ex-démocraties populaires rejettent la tutelle soviétique. L'URSS disparait et onze républiques forment la Communauté des États indépendants (CEI). L'islamisme gagne chez les populations musulmanes de Russie.

● En 1991, la Russie réprime la tentative d'indépendance des Tchétchènes. **La Russie** n'est plus alors qu'**une puissance régionale** mais elle conserve un important arsenal nucléaire.

### 2. L'hyperpuissance américaine et le Moyen-Orient

● Dans les années 1990, **les États-Unis** s'imposent comme **la seule puissance**, leur supériorité est d'abord militaire mais également économique et culturelle.

● Lors de l'invasion du Koweit par l'Irak durant l'été 1990, les États-Unis interviennent avec l'accord de l'ONU à la tête d'une vaste coalition. **La guerre du Golfe** débute en janvier 1991 et mène l'Irak à la défaite. Les États-Unis interviennent aussi sur le plan diplomatique pour un rapprochement israélo-palestinien.

## II UN NOUVEAU DÉSORDRE MONDIAL

### 1. Les guerres civiles

● Les **revendications ethniques, religieuses ou nationales** sont une source majeure d'instabilité après 1991. Les conflits se déplacent à l'intérieur des États – par exemple entre 1992 et 1995 où la fin de l'ex-Yougoslavie provoque une guerre civile et l'intervention de l'ONU, des États-Unis et de l'Union européenne. L'Afrique subsaharienne traverse de nombreuses crises, la plus importante se termine par le **génocide** de 1994 au Rwanda (800 000 morts).

### 2. Le terrorisme

- À la fin du XX$^{e}$ siècle, une nouvelle menace apparait : **le terrorisme**, utilisant des réseaux, peut frapper partout dans le monde. Des groupes islamistes ont recours à la violence armée comme **Al Qaïda**, organisation dirigée par **Oussama ben Laden**.

- Cette organisation frappe le 11 septembre 2001 le Pentagone à Washington et les tours du World Trade Center à New York. Les États-Unis découvrent alors qu'ils devront affronter la menace terroriste sur leur territoire même. Cet évènement mondial est **un tournant dans la politique extérieure américaine**. Ils s'engagent dans la lutte avec des opérations militaires en Afghanistan (octobre 2001 contre le régime islamiste des talibans) et en Irak (mars 2003 contre le régime de Saddam Hussein).

## III UN MONDE INSTABLE

### 1. L'évolution du terrorisme

- Les guerres menées par les États-Unis n'ont pas fait disparaitre le terrorisme, des **attentats spectaculaires** ont même frappé l'Occident, comme en 2004 à Madrid ou en 2015 à Paris.

- L'État américain s'engage dans des guerres à l'issue incertaine, par exemple en Irak ou en Afghanistan. Le dialogue reste difficile avec certains États – la Corée du Nord ou l'Iran.

### 2. La question du Moyen-Orient

- Au Moyen-Orient, le conflit israélo-palestinien se poursuit et, à partir de 2000, reprend avec la **deuxième Intifada** et la multiplication des attentats. Cette situation amène en 2002 Israël à construire **une clôture de sécurité** le long de la Cisjordanie. La paix semble de plus en plus difficile entre Israéliens et Palestiniens.

### 3. Les nouvelles puissances d'un monde multipolaire

- Après 1991, l'**ONU** semble renaitre, elle multiplie les actions en faveur du désarmement et crée des tribunaux internationaux et une **Cour pénale internationale** en 1998.

- Les États-Unis doivent faire face à de nouveaux concurrents. Les **pays émergents** – par exemple la Chine, le Brésil et l'Inde – deviennent aussi des puissances incontournables. Le Japon et l'Union européenne tentent de s'imposer face aux États-Unis et se font entendre au cours du **G8** et du **G20**. On assiste donc au passage à un monde multipolaire.

# La construction européenne jusqu'en 2000

Les courants idéologiques issus de la Résistance s'appuient sur l'idée ancienne d'une Europe unie. Toutefois, après 1947, cette construction se réalise dans un contexte international de guerre froide. Les principales étapes de la construction de l'Union auront lieu entre 1950 et les années 2000.

## I LES DÉBUTS DE LA CONSTRUCTION EUROPÉENNE

### 1. Un contexte favorable

- À la fin de la Seconde Guerre mondiale, des courants issus de la Résistance, comme la démocratie chrétienne, travaillent à l'union de l'Europe, mais cette union ne s'adresse qu'aux États d'Europe occidentale.

- Cette Europe détruite par la guerre est à la recherche d'un développement économique. L'aide donnée par les Américains (**plan Marshall**, juin 1947) sera limitée dans le temps. Les États-Unis poussent d'ailleurs les pays d'Europe occidentale à s'unir (OECE).

### 2. Des idées différentes

- Les Européens ont des positions très différentes face à la politique américaine, certains sont favorables à une alliance avec les États-Unis et l'**OTAN** et sont inquiets devant la poussée des régimes communistes. D'autres veulent une Europe des États respectant les souverainetés nationales, cette position est incarnée par **de Gaulle**.

### 3. Des débuts difficiles

- En mai 1949, dix pays créent une première coopération : **le Conseil de l'Europe**. Toutefois, c'est le rapprochement franco-allemand qui permet en 1951 la création de la **Communauté européenne du charbon et de l'acier** (CECA), ainsi six pays mettent en commun leurs productions.

- Si les accords se réalisent sur des ententes économiques, ils échouent dès qu'il s'agit de s'entendre sur une armée européenne.

## II LA COMMUNAUTÉ ÉCONOMIQUE EUROPÉENNE

### 1. Le traité de Rome

- En mars 1957, le traité de Rome crée la **Communauté économique européenne** (CEE). Les six membres de la CECA forment alors une coopération économique et abolissent les barrières douanières.

- L'ensemble est complété par une communauté européenne de l'énergie atomique.

### 2. Les étapes de l'élargissement

- Après 1960, de nombreux États candidats sont attirés par la croissance économique de la CEE. Dès 1973, le Royaume-Uni, l'Irlande et le Danemark adhérent, puis, après de longues années de dictature, trois pays méditerranéens : la Grèce, en 1981, l'Espagne et le Portugal, en 1986.

### 3. Les institutions européennes

- Dans les années 1970, les institutions européennes se transforment avec un Conseil, une Commission et un Parlement élu en 1979 au suffrage universel direct.
- En 1985, **l'accord de Schengen** permet la libre circulation des personnes au sein de la communauté.

## III L'UNION EUROPÉENNE DEPUIS 1989

### 1. Un nouveau contexte

- **L'explosion du bloc communiste de l'Est** permet dorénavant aux États libérés de l'emprise de Moscou de se tourner vers l'Union européenne. Celle-ci est inquiète devant les mouvements nationalistes, l'agitation et les guerres civiles que connaissent ces États. D'autre part, elle cherche également à s'affirmer sur la scène internationale face à son allié américain.

### 2. La poursuite de l'élargissement

- Dans les années 1990, l'Allemagne se réunifie et l'ex-RDA entre dans l'Union, celle-ci poursuivant son élargissement. En 1995, elle passe à 15 États, en 2004, 10 nouveaux États sont intégrés – 8 sont d'anciennes démocraties populaires de l'Est. La Bulgarie et la Roumanie entrent dans l'Union européenne en 2007, et la Croatie, en 2012.

### 3. Le passage à l'Union européenne

- Le 7 février 1992, **le traité de Maastricht** transforme la CEE en **Union européenne** et crée **une citoyenneté européenne**. Il prévoit l'intégration économique des pays membres et une monnaie unique, **l'euro**, gérée par la Banque centrale. L'euro est adopté par douze États européens en 2002.

### 4. La réforme des institutions

- La refonte des institutions européennes apparait nécessaire pour renforcer la cohésion avec des États de plus en plus nombreux. Le projet de Constitution européenne rencontre de nombreuses oppositions. Soumis à référendum, il est rejeté par la France et les Pays-Bas en mai et juin 2005.

# L'effondrement et la refondation républicaine 1940-1946

Alors que les armées allemandes envahissent une partie du pays, l'Italie déclare la guerre à la France le 10 juin 1940. Le gouvernement, présidé par le maréchal Pétain, héros de la bataille de Verdun en 1916, décide de cesser le combat. Les députés, désorientés, donnent les pleins pouvoirs au Maréchal pour établir une nouvelle Constitution.

## I L'ARMISTICE ET LE RÉGIME DE VICHY

### 1. La défaite et l'armistice

- Pétain juge la situation militaire irréversible et décide de demander la paix à l'Allemagne. L'armistice signé **le 22 juin 1940** avec l'Allemagne coupe le pays en deux par **une ligne de démarcation** : la zone nord est occupée, l'Alsace-Lorraine annexée par l'Allemagne. Au sud s'organise l'« État français », dirigé par le maréchal Pétain, qui siège à Vichy, en zone libre.

### 2. L'État français

- Pétain impose la « **Révolution nationale** » et prétend revenir aux valeurs traditionnelles résumées dans la devise « **Travail, famille, patrie** ». Pour réunifier la Nation, il renforce le rôle de l'État, supprime partis politiques et syndicats, fait arrêter les anciens responsables du Front populaire. Il établit des corporations comme en Italie et fait adopter dès 1940 une **politique antisémite**.

## II LA COLLABORATION ET LA RÉSISTANCE

### 1. La France soumise à l'Allemagne

- Les réquisitions allemandes et la limitation des échanges rendent le ravitaillement difficile. Le marché noir, commerce clandestin, se développe. En zone occupée, les Allemands multiplient les arrestations de Juifs (rafle du Vel'd'Hiv, juillet 1942) et de résistants.

- Pétain, chef de l'État, et Laval, président du Conseil, sont persuadés de la victoire de l'Allemagne. Pétain rencontre Hitler à Montoire en octobre 1940 pour lui proposer une collaboration. Dans le cadre du Service du travail obligatoire (STO), en février 1943, la France fournit à l'Allemagne de la main-d'œuvre, et la milice, formation paramilitaire, traque les résistants.

● Une partie de la population approuve cette collaboration. Certains cherchent à s'enrichir grâce au marché noir ; d'autres partagent l'idéologie des vainqueurs : ce sont **les collaborationnistes**, qui veulent une alliance véritable avec l'Allemagne. Ils contrôlent la presse en zone occupée, mais leur audience est limitée dans l'opinion.

## 2. La Résistance

● Les Français cherchent d'abord à survivre dans un pays occupé. Mais, dès 1940, certains d'entre eux, persuadés que la guerre sera mondiale, appellent à **la poursuite des combats** pour libérer le territoire.

● Le général de Gaulle refuse l'armistice, part à Londres et devient **le chef de la Résistance extérieure** (France libre). Le 18 juin 1940, de Londres, il appelle les Français à lutter aux côtés des Anglais.

● Grâce aux **Forces françaises libres** (FFL), le pays continue la guerre. Sur le territoire français, la Résistance se structure autour des Forces françaises de l'intérieur (FFI) et des Francs-tireurs et partisans (FTP), de tendance communiste. Le lien entre résistants intérieurs et extérieurs se fait d'abord par **la radio** : la France libre diffuse des émissions en langue française dans les programmes de la BBC, radio britannique.

● Des envoyés de la France libre débarquent assez rapidement en France occupée ; ils créent **des réseaux de renseignements**. La Résistance intérieure diffuse des tracts, des journaux, renseigne les armées alliées et multiplie les actions : sabotage des voies ferrées empruntées par les convois militaires allemands, par exemple. **Jean Moulin**, préfet qui a rejoint de Gaulle à Londres, revient en France en 1943, où il crée **le Conseil national de la Résistance**, pour réunir les différents groupes de résistants.

## 3. La libération du pays

● L'action de la Résistance s'intensifie en 1944. Elle facilite l'action des Alliés après le débarquement. Elle reconquiert certaines régions (Toulousain, Limousin). Dans leur retraite, les Allemands massacrent les populations.

● En juin 1944 est créé à **Alger le Gouvernement provisoire de la République française**, présidé par le général de Gaulle. En août, la 2e division blindée de Leclerc entre dans Paris insurgé. Le 26 août, le général de Gaulle descend les Champs-Élysées, acclamé par la foule.

# La V^e^ République

En juin 1958, le général de Gaulle donne à la France des institutions assurant une stabilité politique. La Ve République va connaitre des changements de majorité et des cohabitations, des réformes importantes vont également modifier la Constitution.

## I LA RÉPUBLIQUE GAULLIENNE

### 1. Une Constitution différente

- Le général de Gaulle présente en 1958 une nouvelle Constitution qui renforce le rôle du chef de l'État. Après un référendum victorieux (80 % des voix), il est nommé président de la République avec une majorité à l'Assemblée nationale.

- En 1962, la Constitution est modifiée et le président est élu au suffrage universel.

### 2. Des problèmes coloniaux en cours de règlement

- La Constitution crée une vaste communauté qui associe la France aux colonies africaines. En 1960, douze États d'Afrique deviennent indépendants et conservent des liens avec la France.

- En Algérie, de Gaulle propose aux Algériens **l'autodétermination** (droit de choisir leur avenir) en 1959. Après une tentative de coup d'État militaire en avril 1961, les partisans de l'Algérie française fondent un mouvement terroriste, **l'OAS** (Organisation de l'armée secrète) qui multiplie les attentats. Les accords d'Évian signés en 1962 prévoient un référendum sur l'indépendance de l'Algérie.

### 3. Une politique extérieure originale

- De Gaulle quitte l'OTAN en 1966 après avoir doté la France de **l'arme nucléaire**. Hostile à l'entrée du Royaume-Uni dans le Marché commun, il se rapproche de l'Allemagne. Il lance la coopération avec le tiers-monde et critique la politique étrangère des États-Unis.

## II DE LA CRISE DE 1968 À L'APRÈS-DE GAULLE

### 1. La crise de Mai 1968

- La crise étudiante et la grève générale illimitée obligent le gouvernement à négocier les accords de Grenelle qui prévoient la hausse du **SMIG** (**salaire minimum interprofessionnel garanti**) et la semaine de 40 heures.

● C'est aussi une crise politique et, en avril 1969, de Gaulle organise un référendum, la victoire du « non » entraine la démission du président qui mourra en 1970.

### 2. Une Ve République consolidée

● Le fonctionnement des institutions, en obligeant les forces de droite ou de gauche à se rassembler pour gagner les élections, contribue à la **bipolarisation** de la vie politique française. Le pouvoir présidentiel fort s'exprime par le recours au référendum (1958 et 1962) et l'utilisation de médias comme la télévision.

### 3. La Ve République sans de Gaulle

● **Georges Pompidou** (1969-1974) poursuit l'œuvre de de Gaulle et accepte l'entrée du Royaume-Uni dans la CEE. En 1974, c'est **Valéry Giscard d'Estaing** qui est élu, il va moderniser la législation ; lois sur l'avortement, majorité à 18 ans, mais dès 1974, la crise économique se fait sentir et l'union de la gauche conduit à l'élection de **François Mitterrand** en 1981.

## III LA RUPTURE DE 1981 : UNE PÉRIODE NOUVELLE DANS L'HISTOIRE DE LA Ve RÉPUBLIQUE

### 1. La présidence de F. Mitterrand (1981-1995)

● Lors du premier septennat, F. Mitterrand fait adopter la semaine de 39 heures et la cinquième semaine de congés payés, l'abolition de la peine de mort et les lois de décentralisation, mais la crise persiste et en 1986 les élections mènent à une **cohabitation** entre un Premier ministre de droite, **Jacques Chirac**, et François Mitterrand. Le second septennat (1988-1995) connait aussi une cohabitation en 1993 avec **Édouard Balladur** comme Premier ministre.

### 2. La présidence de Jacques Chirac (1995-2007)

● En 1995, **Jacques Chirac** est élu, mais confronté aux grèves déclenchées par sa politique de rigueur, il dissout l'Assemblée et c'est une nouvelle cohabitation entre un président de droite et une majorité de gauche. En septembre 2000, le mandat présidentiel passe à 5 ans. Réélu en 2002 face à **Jean-Marie Le Pen** avec 82 % des voix, il lance en 2003 la réforme des retraites.

### 3. La présidence de Nicolas Sarkozy (2007-2012) et de François Hollande depuis 2012

● Élu avec 53 % des voix, **Nicolas Sarkozy** entame une série de réformes mais se heurte en 2008 à la crise financière et économique mondiale et perd les élections au profit **de François Hollande**. Les premières lois votées par le nouveau gouvernement sont symboliques, comme le mariage pour tous, mais la situation économique reste préoccupante et la contestation sociale s'amplifie.

ÉTUDE DE DOCUMENT

# La République gaullienne

« La vague », Leffel, *Le Canard enchaîné*, 1968.

## I LA PRÉSENTATION

- Cette **caricature** – une caricature est un dessin donnant d'une réalité une image déformée de façon souvent burlesque – parue dans un hebdomadaire satirique se compose de deux vagues successives. On retrouve le même personnage sur le même bateau, mais dans deux situations totalement différentes. Deux dates se lisent sur chaque vague : 1958 et 1968.

## II LE CONTEXTE POLITIQUE DE LA FRANCE À CHAQUE DATE

- **En 1958**, la France vit sous le régime de la IVe République, mais les circonstances sont dramatiques. Après la reconstruction, la croissance de l'économie française a été rapide de 1949 à 1957. Mais des déséquilibres apparaissent alors, conduisant à de graves difficultés.

- Sur le plan politique, la situation est particulièrement tendue, notamment à cause de la guerre d'Algérie, qui dégénère. Les gouvernements sur place laissent l'armée gérer une situation explosive. Devant ces difficultés, le président de la République appelle au pouvoir le général de Gaulle. Celui-ci bénéficie du **soutien massif de l'opinion publique** et peut mener à bien la réforme des institutions.

● **En 1968**, la situation est tout autre. L'opposition s'est renforcée, les syndicats ouvriers protestent car les travailleurs ne partagent pas la croissance économique. En mai 1968, les étudiants se révoltent suivis par les ouvriers qui entament une grève générale. Le pouvoir est alors **déstabilisé** par cette vague de contestation.

## III LA DESCRIPTION ET L'EXPLICATION DE L'IMAGE

● Dans la première partie – première vague – le général de Gaulle est sur le bateau « France » (voir le drapeau) au sommet de la vague. Sa popularité est immense. On n'a pas oublié non plus son rôle fondamental dans la Seconde Guerre mondiale. L'opinion publique voit à nouveau en lui un **sauveur**. Il se tient droit, il n'a même pas besoin de ramer : la vague de sa popularité le porte vers le large.

● La seconde vague est plus haute que la première, plus **menaçante**. Le bateau, d'où le drapeau a disparu (signe que de Gaulle ne peut plus prétendre représenter la France, pour les auteurs) semble devoir être englouti par cette vague énorme déferlante. De Gaulle tient fermement les rames, mais en vain semble-t-il : il ne peut résister au courant.

## IV LE MESSAGE POLITIQUE DE LA CARICATURE ET SES PROLONGEMENTS

● Ce journal s'est opposé au général de Gaulle pendant toute la durée de sa présidence. Il était accusé d'exercer un pouvoir personnel : sur l'image, il est seul dans le bateau. Il est donc considéré comme **seul responsable** de sa chute.

● Ce dessin est en même temps prémonitoire : en 1969, suite à un référendum perdu, le général de Gaulle se retire de la vie politique et meurt peu après, en 1970.

● Pourtant, pendant ces dix ans, il a permis la fin de la guerre d'Algérie, le redressement économique de la France, la consolidation de ses institutions. Nombreux sont encore les leaders politiques qui se réclament de lui aujourd'hui.

# Femmes et hommes dans la société française des années 1950 à 1980

Après 1945, la société française connait de profondes mutations. Sa population active se féminise, les salariés sont plus nombreux et les immigrés participent à la reconstruction.

## I L'APRÈS-GUERRE : UNE POPULATION EN MUTATION

### 1. Mutations démographiques et professionnelles

- À la fin de la guerre, les États industriels enregistrent un « **baby-boom** », cette reprise de la natalité amène en 1968 une jeunesse nombreuse sur le marché du travail et dans les universités.

- Durant les « **Trente Glorieuses** » (1945-1973), la structure de la population active se modifie avec la baisse du secteur agricole (2 millions d'actifs) et la croissance du secteur tertiaire.

### 2. L'évolution de la situation des femmes

- Longtemps considérées comme des mineures sous la tutelle de leurs pères ou de leurs maris, les femmes voient leur condition s'améliorer lentement au XIXe siècle. Dans les années 1950, **le travail féminin** se développe dans le secteur tertiaire.

- Politiquement, les femmes sont exclues du suffrage universel, certes instauré en 1848, mais réservé aux hommes. En 1944, reconnaissant leur rôle dans la Résistance, le GPRF leur accorde le **droit de vote** mais elles seront peu présentes dans la vie politique jusqu'aux années 1970.

### 3. L'appel à l'immigration

- La France fait appel très tôt à l'immigration (2,9 millions en 1931). Ces chiffres varient selon les besoins économiques et en 1945 les immigrants arrivent en masse d'Afrique du Nord et des pays méditerranéens constituant des **bidonvilles** en région parisienne.

## II LES ANNÉES 1960-1970 : REVENDICATIONS ET MUTATIONS

### 1. La crise de Mai 1968

- Devenus nombreux, les étudiants et les lycéens revendiquent de nouveaux moyens pour l'éducation, ils critiquent également la **société de**

**consommation**. Cette révolte étudiante va être relayée par les protestations ouvrières contre les rythmes de travail. La **grève générale** va paralyser le pays en rassemblant plus de 8 millions de Français.

- Le gouvernement tente de réagir : accords de Grenelle entre patrons et syndicats qui prévoient une hausse du **SMIG** (salaire minimum interprofessionnel garanti) et une diminution du temps de travail (semaine de 40 heures).

- On assiste aussi à l'émergence d'une culture de masse et à une **démocratisation culturelle** qui se poursuivra d'André Malraux à Jack Lang.

### 2. Les revendications féministes

- À partir des années 1960, les combats féministes se renouvellent. D'abord axés sur la conquête des droits dans l'éducation ou le travail, les revendications passent dans l'espace public autour de la maitrise de la fécondité avec des mouvements comme le **MLF (Mouvement de libération des femmes)**. Les femmes obtiennent en 1967 la légalisation de la contraception et en 1975, par **la loi Veil**, **la légalisation de l'avortement**.

## III LES ANNÉES 1970-1980 : UNE NOUVELLE ORIENTATION DES LOIS SOCIALES

### 1. L'évolution de la législation

- Les lois montrent une société plus soucieuse des individus et notamment des aspirations de sa jeunesse. Ainsi, l'âge de la majorité passe en 1974 à 18 ans. Elles tiennent aussi compte des choix féministes et des changements à l'intérieur des familles.

- Après 1981 et l'élection de F. Mitterrand, l'âge de la retraite est abaissé à 60 ans, la peine de mort est abolie et les sans-papiers sont régularisés.

### 2. Des problèmes majeurs

- La **loi sur la parité** votée en 2000 oblige les partis politiques à présenter le même nombre de femmes et d'hommes aux élections. Malgré tout, l'émancipation reste fragile, comme en témoignent les différences de salaires et les violences conjugales.

- Un autre enjeu politique reste **l'intégration de descendants de ces immigrés** d'après guerre, et après la réduction des flux des années 1980, l'afflux de clandestins provoque une montée de la **xénophobie**.

# Le territoire français sous influence urbaine

Le territoire français est un territoire urbanisé. Ses aires urbaines sont de plus en plus attractives et ses villes sont engagées dans la compétition mondiale.

## I LA PUISSANCE DES VILLES DANS L'ESPACE FRANÇAIS

### 1. Le passage à une société urbaine

- La population urbaine française représente **80 % de la population globale**. Ce mouvement d'urbanisation date de la fin de la Deuxième Guerre mondiale et la société devient majoritairement urbaine après 1975.
- L'INSEE tient compte de ces mutations en créant la catégorie des **aires urbaines** comprenant les communes dépendant d'un pôle urbain où travaillent 40 % de leurs habitants. Ces espaces regroupent aujourd'hui les 4/5 de la population française.

### 2. Le rôle des métropoles en France

- Les métropoles françaises concentrent des fonctions de commandement économique, des établissements de formation supérieure et surtout une forte population. Ainsi, dix aires urbaines concentrent un tiers de la population française.
- Mais avec **12 millions d'habitants**, la métropole parisienne exerce une domination écrasante et constitue le deuxième pôle d'accueil des investissements étrangers en France. Derrière, les **métropoles régionales** comme Lyon, Marseille ou Toulouse dominent leurs régions tout en profitant de leurs échanges avec la capitale. Enfin, les **villes moyennes** entre 30 000 et 200 000 habitants sont des centres de services mais celles qui sont dans la diagonale de faibles densités (voir p. 73) ont moins de dynamisme.

### 3. Des diversités locales

- À l'échelle régionale, le **dynamisme urbain** est plus fort à l'ouest et au sud (villes littorales de Bretagne ou de la Côte d'Azur). Les villes situées en périphérie du territoire ou dans des zones frontalières disposent aussi d'**atouts de liaison** (villes des vallées alpines).
- Elles bénéficient d'activités tertiaires liées au tourisme ou de **technopoles** (exemple : Grenoble) mais aussi de l'attractivité de leur cadre de vie, notamment pour les retraités.
- Ainsi les **métropoles** régionales s'intègrent de plus en plus aux réseaux urbains européens.

## II LES TRANSFORMATIONS INTERNES DES MÉTROPOLES FRANÇAISES

### 1. Les mutations des paysages urbains français

- Dans les centres-ville la fonction résidentielle recule face aux activités de service alors qu'elle est dominante dans **les espaces périurbains**. Ceux-ci sont constitués de pavillons et de lotissements proches des centres des communes rurales.

- Après une longue dégradation, les centres-ville connaissent des réhabilitations utilisant leur patrimoine architectural et attirent des habitants aisés (**gentrification**).

### 2. L'étalement spatial des aires urbaines

- Les espaces urbains s'étalent autour des aires urbaines, cela est dû à divers facteurs : prix dissuasifs de l'immobilier dans les centres, attrait de la campagne, goût pour la maison individuelle et facilités de déplacement grâce à la voiture. Cette **extension spatiale** se réalise souvent au détriment des espaces agricoles.

- Les campagnes sous **influence périurbaine** sont transformées totalement par l'arrivée de nouveaux résidents et la construction d'équipements routiers et de loisirs. Les effets de la **périurbanisation** intègrent de plus en plus les espaces agricoles aux aménagements urbains.

- Les **campagnes isolées** sont dans une situation difficile avec des peuplements inférieurs à 30 habitants par $km^2$ et des difficultés de liaison avec les services des centres urbains. L'agriculture y est en recul, remplacée peu à peu par des plantations forestières.

### 3. Les aménagements des aires urbaines françaises

- **Les rapports entre la ville et ses banlieues :** l'étalement urbain crée de fortes oppositions à l'intérieur des agglomérations, les cités de grands ensembles en banlieue ont connu des émeutes qui ont conduit dès les années 2000 à des politiques de rénovation associant des acteurs locaux et l'État.

- **Des aménagements en cours :** ces actions vont de la destruction de grandes cités à des aménagements de friches industrielles proches des centres comme les zones portuaires à Marseille ou à Nantes.

- Face aux problèmes de transport liés à la périurbanisation, les villes aménagent leurs moyens de transport, métros ou plus souvent tramways, pour une circulation plus écologique pour une ville plus durable...

# Les territoires ultramarins français

Les territoires ultramarins français représentent plus de 120 000 km$^2$ et près de **3 millions d'habitants**. Ils sont les témoins de l'héritage du passé colonial de la France. Leur éloignement et des contraintes particulières expliquent des difficultés d'aménagement.

## I DES STATUTS ET UNE GÉOGRAPHIE PARTICULIÈRE

### 1. Les statuts des territoires ultramarins

- **Les départements et régions d'outre-mer** (DROM) comprennent beaucoup d'**îles** de tailles diverses, comme la Martinique et la Guadeloupe aux Antilles, mais aussi des îles de l'océan Indien, comme la Réunion et Mayotte qui a opté en 2009 pour ce statut. Elles sont donc très différentes d'un espace continental comme la Guyane (83 846 km$^2$). Les collectivités territoriales de ces régions ont le même rôle qu'en métropole et les lois de la République s'appliquent sur ces territoires.

- **Les COM ou collectivités d'outre-mer** peuvent être des îles polynésiennes mais aussi des territoires arctiques comme Saint-Pierre-et-Miquelon ou des terres australes comme les îles Kerguelen. La Nouvelle-Calédonie partage aussi ce statut juridique. Ces territoires ont leur propre assemblée législative et gardent un statut personnel comme le droit coutumier pour des groupes de population.

### 2. Une géographie originale

- L'implantation insulaire et tropicale de nombreuses îles des DROM s'explique par le choix colonial d'exploiter des cultures d'exportation vers la métropole. Cette situation géographique donne des **atouts paysagers** utiles au tourisme (mangrove ou lagon) mais expose aussi à des risques naturels.

- Le **volcanisme** et les **risques sismiques** sont majeurs, ce dont témoigne la Soufrière ou la montagne Pelée, mais ce sont les risques cycloniques qui se répètent le plus régulièrement aux Antilles, à la Réunion, en Nouvelle-Calédonie mais aussi en Polynésie.

- Ces contraintes font aujourd'hui l'objet d'aménagements avec des **réseaux d'alerte et de surveillance**. L'isolement lié à l'insularité a été largement amélioré grâce aux aéroports et leurs liaisons directes avec les grandes villes de la métropole.

## II AMÉNAGEMENTS ET DÉPENDANCE ÉCONOMIQUE

### 1. Tourisme et aménagements

- L'État français a très tôt orienté l'outre-mer vers les **activités touristiques** et a structuré ce marché autour de cinq grands aéroports. Ces liaisons ont dirigé l'implantation de complexes hôteliers dans les Antilles, en Guyane et à la Réunion. Toutefois, le développement de cette activité souffre de la concurrence, notamment avec les voisins qui ont des coûts salariaux plus faibles.

### 2. La dépendance économique

- La population ultramarine connait aujourd'hui une forte croissance démographique et **s'urbanise rapidement**. Les villes principales concentrent les populations et s'étendent le long des voies de communication littorales. Ces villes sont très marquées **par la ségrégation entre quartiers riches et pauvres** et les manifestations montrent l'ampleur du malaise social (émeutes de février 2009 en Guadeloupe).

- Les secteurs productifs sont fortement déséquilibrés car les activités agricoles de plantation sont en crise, le secteur industriel a été peu développé et donc les produits alimentaires et manufacturés viennent de l'extérieur, notamment de métropole, et le coût de la vie est très élevé. Ces territoires vivent donc souvent des **aides de la métropole** mais aussi de celles de l'Union européenne et ils apparaissent comme des îlots de prospérité très attractifs pour des États voisins, ce qui entraine des **flux de migrations**.

### 3. Le rôle de l'Union européenne

- Pour l'Europe, les DOM sont des régions ultrapériphériques et bénéficient d'une aide financière tout en appartenant à la zone euro. Ce financement doit les aider à un développement économique plus autonome, ce qui devrait à terme renforcer la puissance de l'UE, car cette dernière dispose ainsi du **premier territoire maritime du monde**, ce qui lui permet un positionnement stratégique sur les grandes routes de la mondialisation et lui ouvre **des ressources potentielles** dans les fonds marins de ces territoires.

- Ces positions lui permettent également de développer les relations commerciales avec les États voisins.

# L'organisation du territoire français

La politique d'aménagement du territoire menée par l'État français dans les années 1950-1960 a évolué car l'État est remplacé par de nouveaux acteurs comme les **collectivités territoriales**, mais il doit aussi compter avec l'influence croissante de **l'Union européenne**.

## I LES GRANDES INÉGALITÉS DU TERRITOIRE FRANÇAIS

### 1. Le rôle des métropoles

- L'Île-de-France et **l'agglomération parisienne** exercent une domination économique écrasante sur l'espace français en concentrant 30 % du PIB, mis aussi démographique avec près de **12 millions d'habitants** rassemblés dans ce pôle de décision. Aujourd'hui, les métropoles régionales comme Lyon, Marseille ou Nice se développent, accueillant des services tertiaires et des **IDE**, mais le décalage reste important avec la capitale.

### 2. Des territoires perdants

- Des régions entières comme le Nord ou le Nord-Est ont connu des crises de **reconversion** après la fin d'activités industrielles comme la sidérurgie ou le textile, leurs métropoles s'orientent aujourd'hui vers des activités tertiaires. Les territoires de la « **diagonale du vide** » sont souvent mal reliés et perdent leurs services publics, et en général l'inégalité reste forte entre territoires ruraux et urbains. Ceci pose donc le problème du maintien d'une équité entre les territoires français.

## II LES ACTEURS DE L'AMÉNAGEMENT DU TERRITOIRE

### 1. Le rôle historique de l'État français

- Dès les années 1960, l'État centralisé français mène une politique de **cohésion territoriale** qui le conduit à la création de zones **industrialo-portuaires** comme Fos-sur-Mer près de Marseille, mais il aménage aussi des littoraux touristiques et des villes nouvelles. Après 1984, **les pôles de conversion** fournissent une aide aux régions en reconversion.

### 2. De nouveaux acteurs

- Les lois de **décentralisation** permettent aux nouvelles collectivités territoriales comme les regroupements de municipalités, mais surtout **les régions**, de financer les aménagements locaux.

- Après 1970, un nouvel acteur s'affirme dans l'aménagement des territoires, l'Union européenne, qui tente de réduire les inégalités entre les régions à l'aide de subventions. Elle intervient également sur la protection de l'environnement.

- Enfin, les **habitants** sont de plus en plus présents dans les aménagements de leur espace proche, à travers des votes, des débats ou par l'action de leurs associations environnementales qui s'opposent à des projets qui nuisent à la préservation des milieux.

- La question de l'aménagement est donc ainsi en partie transférée **de l'État vers la société civile**.

## III DES ENJEUX VARIÉS POUR L'AMÉNAGEMENT DU TERRITOIRE

### 1. Compétitivité dans la mondialisation

- Les grandes sociétés de transport et de télécommunication ont été privatisées dans le cadre européen et leur entrée dans la mondialisation les a amenées à sélectionner les espaces les plus performants pour s'implanter.

- Les choix des entreprises dans la mondialisation accentuent les différences entre les régions, et un des grands enjeux a donc été d'insérer les espaces productifs français dans la **compétition économique mondiale**, par exemple en créant des **pôles de compétitivité** ou en menant une politique de **développement touristique**. Mais le développement de transports rapides a un rôle majeur dans cette attractivité.

### 2. Les communications et l'intégration aux échelles européenne et mondiale

- La France dispose d'un réseau de transport diversifié qui privilégie la route. Aujourd'hui, les **transports à grande vitesse** et **les NTIC** (nouvelles technologies de l'information et de la communication) renforcent la mobilité à toutes les échelles et sous toutes les formes, mobilités touristiques comme **flux** d'immigration.

- Les réseaux et leurs connexions organisent le territoire autour de **quelques grands axes** comme la vallée du Rhône et favorisent les grandes villes et les **carrefours** **multimodaux**, par exemple l'aéroport de Roissy. Ainsi, les régions frontalières bien reliées, les ports et les aéroports ouvrent la France sur le monde.

## Les transformations des espaces économiques français

**Les pôles de développement de l'espace français :**

- Deux grands pôles industriels français
- Grandes régions industrielles
- Technopoles majeures
- Espaces en reconversion

**Aménagements industriels et tertiaires de l'espace français :**

- Aménagements balnéaires des littoraux
- Régions de tourisme d'hiver
- Zones industrialo-portuaires (ZIP)

**Les facteurs attractifs des localisations industrielles :**

- Axes majeurs de communication
- Ouverture mondiale et européenne

## L'organisation du territoire français

**Des régions diverses :**
- Un espace central aux fonctions majeures
- Des régions en reconversion
- Des périphéries à fort dynamisme
- Des régions en difficultés économique et démographique

**Des villes organisant le territoire :**
- Villes à fonction mondiale au centre des transports
- Deux carrefours européens
- Métropoles régionales / technopolitaines
- Grands ports

**Des liaisons vers l'extérieur :**
- Axes majeurs de circulation
- Aéroports internationaux majeurs
- Liaisons avec l'Union européenne
- Axe de la mégalopole européenne

# L'Union européenne, un nouveau territoire d'appartenance

L'Union européenne en construction depuis 1957 a créé un espace commun et suscité un **sentiment d'appartenance** chez les populations des États partenaires. Par son implication dans l'aménagement des territoires, elle apparait aujourd'hui comme un acteur majeur.

## I UN NOUVEAU TERRITOIRE D'APPARTENANCE

### 1. Les étapes de la construction territoriale

● Après 1945, l'Europe se reconstruit, et en 1957, la signature du **traité de Rom**e entre l'Allemagne, la France, les Pays-Bas, la Belgique, le Luxembourg et l'Italie met en place la CEE (Communauté économique européenne) qui s'élargit progressivement. En 1973, elle passe à 9 pays (Royaume-Uni, Irlande et Danemark) puis à 10 et à 12. L'entrée de pays méditerranéens complète l'ensemble jusqu'en 1986, puis l'Union passe à 15 avant de se tourner en 2004 vers des pays issus de l'ex-bloc de l'Est (Estonie, Lettonie, Lituanie, République tchèque, Hongrie, Pologne et Slovaquie) mais aussi de l'ex-Yougoslavie (Slovénie) et des îles comme Chypre et Malte. En 2007, la Bulgarie et la Roumanie intègrent le dispositif et en 2013, la Croatie. Le projet européen est donc conçu sur un **processus d'élargissement** souvent difficile du fait de la diversité des États le composant. L'ouverture à de nouveaux pays comme la Turquie dont la candidature est en attente suscite de vifs débats.

### 2. Des principes, des symboles et des institutions

● L'Union européenne a des objectifs généraux : le maintien de la paix, la démocratie et une politique économique centrée sur la croissance et l'emploi. Naturellement, les États entrant dans l'Union doivent adopter des **critères fondamentaux** qui sont le respect des droits de l'homme et des minorités nationales ainsi que le rôle essentiel de **l'État de droit**.

● L'Union dispose également de **symboles** comme un drapeau composé de 12 étoiles, d'un hymne européen et d'une devise, enfin la journée du 9 mai permet de célébrer la construction européenne.

● Les **institutions communes** sont d'abord le **Conseil de l'Union** (ou Conseil des ministres) qui dispose du pouvoir législatif et budgétaire complété par le **Parlement européen** et la **Commission européenne**. La **Cour des comptes** contrôle les recettes et les dépenses de l'Union. La **Banque centrale** européenne gère l'euro depuis 1999 et les désaccords entre les États membres sont réglés par la **Cour de justice**.

### 3. L'appartenance

- La construction d'un territoire commun passe de plus en plus par des interventions de l'Union européenne à l'intérieur des États, c'est le cas pour la circulation des travailleurs mais aussi sur la question des moyens de transport et le rôle des postes frontières...

- Des programmes importants ont été mis en place, comme des **accords universitaires** (projet Erasmus), mais c'est surtout la **libre circulation** établie par l'espace Schengen en 1995 et l'établissement de **la zone euro** en 1999 qui ont modifié la vie des Européens. Des États refusent de participer à la zone euro, comme le Royaume-Uni, le Danemark et la Suède. En raison de l'afflux d'immigrants et des **flux** illicites, la liberté de circulation établie par Schengen est l'objet de nombreuses contestations. Tout ceci montre une Europe à géométrie variable.

## II AMÉNAGEMENTS ET LIMITES DE L'ACTION DE L'UE

### 1. Transports et harmonisation des connexions de l'Union

- L'intégration de la France à l'ensemble européen comme les autres États l'a obligé à revoir l'accessibilité de ses territoires à une nouvelle échelle. Ainsi les villes du Nord et de l'Est dans des régions fragilisées par la **reconversion** utilisent leurs atouts de carrefour européen et leurs liaisons vers la **mégalopole** européenne. Les **Eurorégions** situées de part et d'autre d'anciennes frontières reçoivent des financements pour coopérer. Toutefois, quand les frontières persistent avec des États qui ne sont pas dans l'espace Schengen ou la zone euro, les populations frontalières profitent de ces différences (emplois, essence, taxes).

### 2. Des inégalités qui fragilisent l'appartenance

- Il existe des **inégalités économiques** entre les États du nord-ouest de l'Europe plus riches et plus développés et les PECO (pays de l'Europe centrale et orientale) qui ont connu une longue période communiste. Les États méditerranéens ont des économies fragiles et subissent fortement les crises.

- Les inégalités sont aussi **interrégionales**, comme le montre l'écart entre le Nord lombard de l'Italie et le Mezzogiorno (Midi italien) encore sous-équipé face au cœur de l'Europe.

- Ce cœur de l'Europe est constitué d'un ensemble urbanisé et bien desservi par les transports qui s'étend du bassin de Londres à l'Italie du Nord.

- Le contexte de crise économique est difficile pour des États comme la Grèce ou l'Espagne et donc l'Union reste bien fragile, la montée de l'**euroscepticisme** dans les partis et les électorats et surtout le choix britannique de quitter l'Union en 2016 sont autant de signes inquiétants sur la réalité de ce sentiment d'appartenance à l'Union européenne.

# Les contrastes territoriaux en Europe (carte page 88)

L'Union européenne présente de **fortes inégalités** entre des territoires riches et intégrés dans la mondialisation et des territoires marginalisés. L'Europe doit donc choisir entre le principe de cohésion territoriale et son inscription dans la compétitivité mondiale.

## I LES CONTRASTES ENTRE ÉTATS ET RÉGIONS DE L'ESPACE EUROPÉEN

### 1. Des inégalités à l'échelle européenne

- Les **inégalités socio-spatiales** restent fortes en Europe et peuvent se lire à différentes échelles.

- Il existe des **inégalités économiques** entre les États du nord-ouest de l'Europe plus riches et plus développés et les PECO (pays de l'Europe centrale et orientale) en transition économique à la fin d'une longue période communiste.

- Les États méditerranéens sont souvent en **situation économique intermédiaire**, mais avec des économies fragiles et des difficultés face à la crise actuelle.

### 2. Des inégalités inter-régionales

- À l'intérieur des États, comme le montre la situation italienne, le contraste reste fort entre des régions dominantes tournées vers la mondialisation comme le Nord lombard, associé à la **mégalopole** européenne, et le Mezzogiorno (Midi italien) encore très périphérique et sous-équipé par rapport au cœur de l'Europe.

### 3. Des inégalités urbaines

- Un autre contraste est aussi créé par **les villes** et **les grandes régions urbaines** qui les entourent. La concurrence est d'abord forte entre des villes mondiales, comme Paris et Londres, mais également avec les villes moyennes, très nombreuses, de l'Europe rhénane qui dynamisent des bassins autour de chaque métropole.

- L'écart est souvent important avec **les périphéries éloignées** de ces régions centrales de l'économie européenne.

- À l'échelle locale, **les quartiers défavorisés** des grandes zones urbaines sont des poches de pauvreté dans des régions urbaines favorisées.

## II L'ORGANISATION DES TERRITOIRES DE L'UNION EUROPÉENNE

### 1. Les centres

- **Le cœur de l'Europe** concentre les pôles de commandement et les zones en croissance démographique et économique. Cet ensemble très urbanisé et bien desservi par les transports s'étend du bassin de Londres à l'Italie du Nord.

### 2. Des régions dynamiques

- Des espaces plus ou moins dynamiques se rattachent à cet ensemble comme **le pôle dynamique du Bassin parisien** ou **le pôle lyonnais**. On y retrouve des pôles de commandement et des fortes densités mais moins continues.

### 3. Des espaces périphériques

- Les **espaces périphériques de l'Europe méditerranéenne** accusent des retards de développement et reçoivent des aides de l'Union européenne. Leur endettement et le poids de leur économie souterraine contribuent à leurs difficultés dans la crise contemporaine.

- **Les pays de l'Europe centrale et orientale** les plus récemment intégrés bénéficient de **délocalisations** industrielles européennes issues de l'Europe occidentale et de subventions au nom de la politique de rééquilibrage des territoires de l'Union européenne.

## III L'ACTION DE L'UNION EUROPÉENNE SUR CES TERRITOIRES

### 1. Les principes de l'action de l'Union européenne

- L'Union européenne présente des objectifs généraux pour les différents États adhérents : **maintien d'une paix politique** associée à l'extension des régimes favorables à **la démocratie** ; politique économique visant **la croissance**, **l'emploi** et **la solidarité** entre ses États et ses régions. Grâce à l'organisation des aides européennes, le niveau de vie de beaucoup d'États récemment entrés a fortement progressé.

### 2. Une politique régionale

- Datant de 1975, **le Feder** (Fonds européen de développement régional) a contribué à l'amélioration des moyens de transport afin de faciliter le désenclavement des régions les plus périphériques.

- L'Union européenne a aussi aidé des **coopérations transfrontalières** en leur donnant le statut d'Eurorégions et en finançant des infrastructures.

- Mais elle doit faire face à de **nombreuses crises** et réaffirme depuis 2010 **le principe de solidarité** à propos de la Grèce et de son déficit budgétaire.

## Les étapes de l'élargissement de l'Union européenne

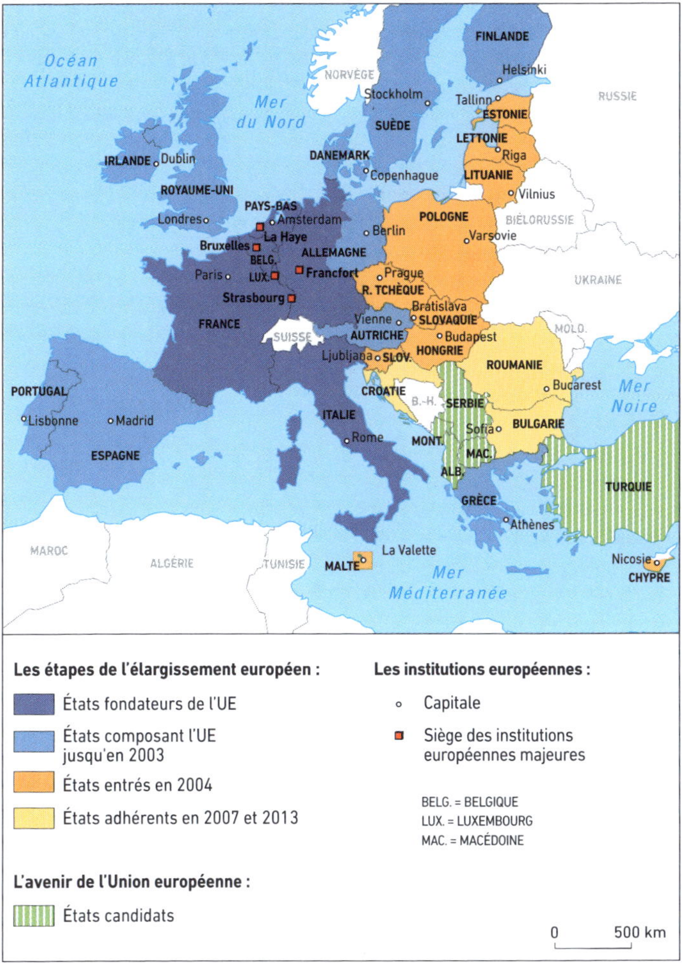

## L'organisation de l'espace européen

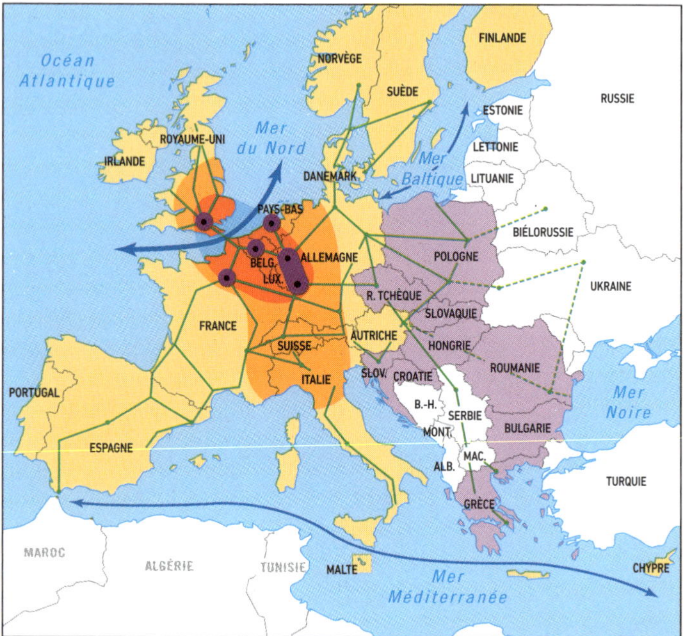


**La zone centrale dynamique :**

- Pôles dynamiques majeurs
- Cœur européen
- Zones centrales bien reliées au cœur

**Les espaces périphériques :**

- Périphéries en cours d'intégration
- Périphéries en retard économique

**Les axes terrestres et maritimes :**

- Flux majeurs
- Flux secondaires
- Axes maritimes majeurs

ALB. = ALBANIE
B.-H. = BOSNIE-HERZÉGOVINE
MAC. = MACÉDOINE
SLOV. = SLOVÉNIE

0 500 km

# La France dans le monde

La France bénéficie sur la scène internationale d'une image forte comme **patrie des droits de l'homme**, mais sa présence est aussi géopolitique ou économique. Tout ceci explique le rôle mondial de Paris, toutefois, la France est aujourd'hui une puissance moyenne dont le rayonnement s'est affaibli à l'échelle mondiale.

## I LES ASPECTS DE LA PUISSANCE FRANÇAISE

### 1. Une puissance économique

● **Au 6e rang mondial et au 3e rang européen,** la France par son PIB et son implantation dans les secteurs agricole ou agroalimentaire mais aussi dans des secteurs de haute technologie comme l'aéronautique et l'aérospatiale s'affirme comme un leader du pôle européen. Son commerce international reste cependant déséquilibré car tourné vers ses voisins.

### 2. Une influence géopolitique mondiale

● L'héritage colonial français explique une **forte présence territoriale** dans le monde grâce aux territoires ultramarins. Possédant la deuxième ZEE (**zone économique exclusive**), elle accède avec ces espaces lointains à d'importantes ressources potentielles et a installé des bases stratégiques sur tous les océans du globe. La France exerce aussi un **rôle géopolitique international** en siégeant au Conseil de sécurité de l'ONU et en participant à des interventions militaires comme celles au Mali ou en Centrafrique et à des missions humanitaires. Elle est également membre du **G8** et du **G20**.

## II LES FORMES DE LA PRÉSENCE FRANÇAISE DANS LE MONDE

### 1. Une influence culturelle

● L'influence de la France est aussi linguistique et culturelle car **220 millions de personnes** dans le monde utilisent le français soit comme langue officielle soit comme langue d'usage. Des sommets de la francophonie sont organisés régulièrement pour défendre la langue française. La France compte de plus 2 millions d'expatriés installés partout dans le monde.

● Ce **rayonnement de la culture française** repose sur des institutions comme l'école française ou l'Alliance française.

● Cette culture est un des atouts de l'**attractivité touristique** de la France et 86 millions de touristes visitent les grands sites auxquels l'Unesco a attribué l'appellation **patrimoine mondial**.

● La France profite ainsi **d'un patrimoine et de paysages exceptionnels** et diffuse une image de luxe liée à sa gastronomie et à sa viticulture de qualité, mais aussi à des entreprises très mondialisées comme LVMH ou L'Oréal.

### 2. La France dans une économie globalisée

● Le développement du commerce extérieur français montre une ouverture croissante sur l'économie mondiale. Les **investissements directs étrangers (IDE)** et les **firmes transnationales (FTN)** sont les acteurs majeurs de cette mondialisation et engagent la France dans une amélioration de son appareil productif et de sa compétitivité. La France compte aujourd'hui **32 firmes transnationales** et le capital investi à l'étranger a fortement progressé dans des secteurs comme la **finance** et **l'information et la communication**.

● Les **délocalisations** des entreprises et les pertes d'emplois qui en sont les résultats ont obligé l'État et les collectivités territoriales à faire des efforts pour attirer les investisseurs.

## III LA FRANCE, UNE PUISSANCE MOYENNE FRAGILE

### 1. Une puissance moyenne

● La France a dû faire face à **la crise économique de 2008** qui a conduit à un renforcement du chômage et a démontré la fragilité du modèle de développement économique favorisant l'installation de groupes étrangers sur le territoire français.

● De plus, la présence française dans le monde a un coût élevé de plus en plus difficile à maintenir dans ces périodes de crise.

● La France a perdu durant cette période des activités de fabrication et une part de son commandement économique, elle a aussi montré les insuffisances du secteur de la recherche et du développement face à la **concurrence mondiale**.

### 2. Les conséquences de ces concurrences

● La position de la France est **menacée**, y compris dans des domaines d'excellence comme le luxe et le tourisme, il devient difficile de garder les investissements industriels, même de haute technologie.

● Dans le domaine culturel, le maintien d'une **politique francophone** est difficile en temps de crise car cela coûte cher et l'usage du français recule partout, sauf en Afrique, sous la pression des pays émergents comme la Chine.

## La France dans le monde

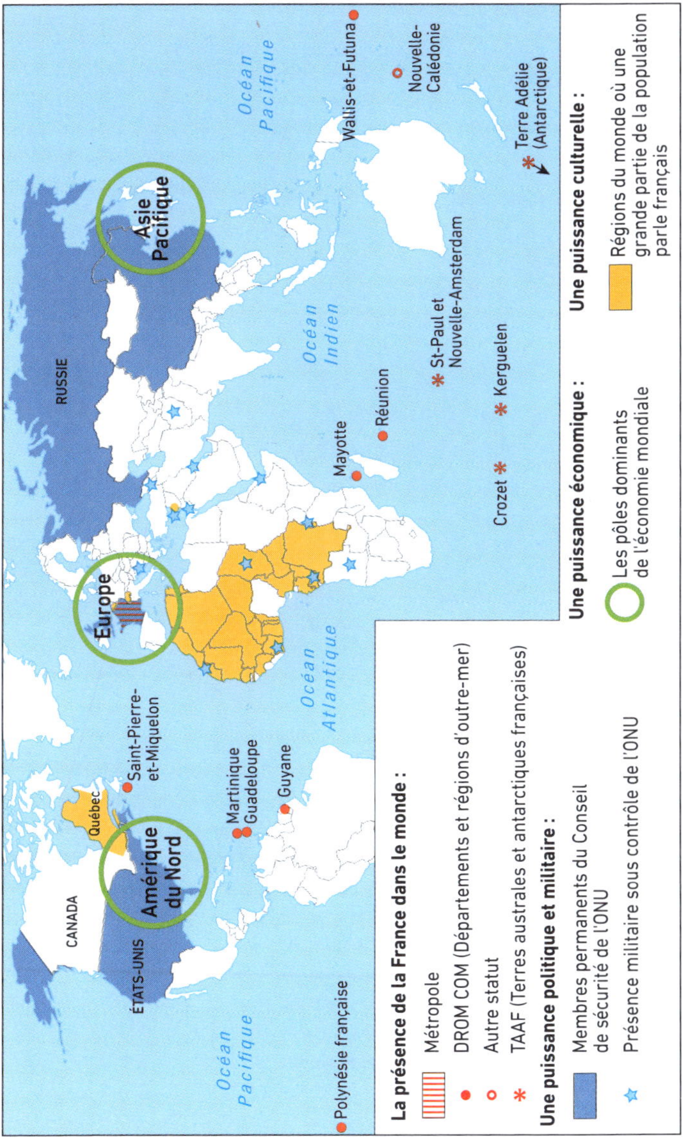

## Les aspects de la puissance européenne

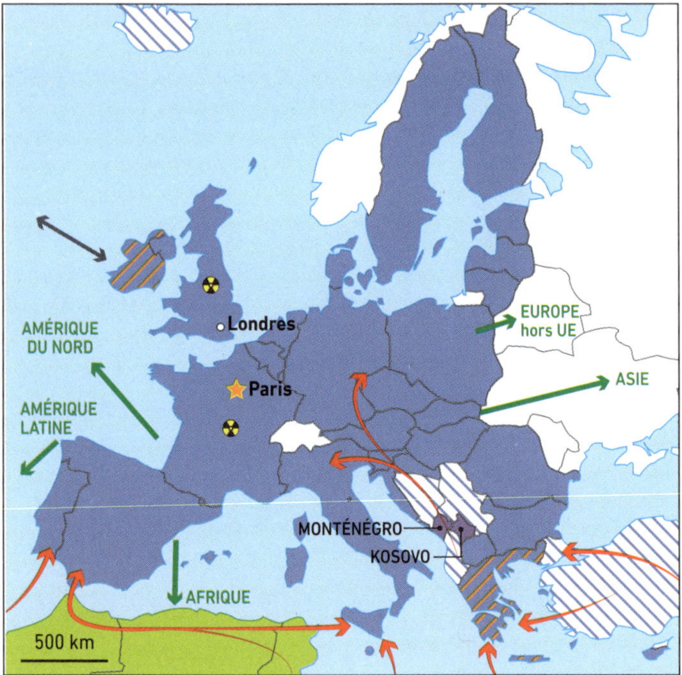


**Un pôle économique majeur du monde :**

- L'Union européenne (UE)
- Pays candidats à l'Union européenne
- Siège de l'Unesco

**Un pôle fortement attractif :**

- Flux majeurs d'immigration vers l'UE
- États sous l'influence de l'euro
- Investissements directs à l'extérieur
- Partenaires de programmes européens (voisinage méditerranéen)

**Des limites à la puissance de l'Union européenne :**

- Une dépendance militaire par rapport aux États-Unis
- Des régions en fortes crises budgétaires et monétaires
- Deux puissances nucléaires

# L'Europe dans le monde

L'Union européenne constitue un des pôles majeurs de la mondialisation (**18,9 % du PIB mondial**). Elle dispose d'atouts comme des villes mondiales et des sites culturels mais elle reste surtout un pôle de consommation de plus de **508 millions d'habitants**.

## I UN PÔLE MONDIAL MAJEUR

### 1. Une puissance économique

- L'Union européenne représente ¼ de la richesse mondiale et, depuis sa création en 1957, elle constitue **une zone de libre-échange** (marché unique) complétée par une zone eurocentrée sur une monnaie unique. Cette puissance s'explique par un commerce actif, soit 32 % des exportations mondiales, surtout centrées sur des échanges entre États membres de l'Union. Par ailleurs, elle reçoit de nombreux **investissements directs étrangers** attirés par des places financières comme Paris, Londres ou Francfort.

### 2. Des acteurs économiques majeurs

- L'UE possède des **firmes multinationales** puissantes dans des secteurs très divers : énergie (Total), aéronautique (Airbus programme européen mais deux sites de montage à Toulouse et à Saint-Nazaire) et aussi dans les services (Carrefour). Ces entreprises très mondialisées gardent un fort ancrage européen, elles sont toutefois confrontées à la **délocalisation** de leurs activités pour rester compétitives à l'international.

### 3. Des moyens de transport européens

- L'UE a créé des réseaux de transport modernes qui sont un des facteurs de son attractivité, c'est le cas pour les deux aéroports internationaux : Londres et Paris, qui forment des plateformes **multimodales**. Ces moyens terrestres sont complétés par des ports le long des façades maritimes de la Manche et de la mer du Nord. Les grandes métropoles sont des carrefours majeurs pour l'intégration dans la mondialisation et leurs connexions aux réseaux mondiaux se réalisent grâce aux liaisons ferroviaires à grande vitesse et aux aéroports majeurs.

## II L'UNION EUROPÉENNE, UN RAYONNEMENT CULTUREL ET POLITIQUE

### 1. Des atouts humains

- L'UE dispose d'atouts humains avec ses 508 millions d'habitants, ce qui constitue un marché de consommation en croissance.

● L'ensemble est complété par une main-d'œuvre bien **formée et qualifiée** et un **marché unique** attractif pour les investissements venus du monde entier.

### 2. Un rôle culturel majeur

● L'influence culturelle de l'Europe repose sur la diversité des États constituant l'Union, de ce fait, quatre langues européennes font partie des langues les plus parlées dans le monde. Son patrimoine historique, ses sites, ses paysages ont permis d'attirer chaque année plus de **50 % des touristes du monde.** Les universités et grandes écoles européennes continuent d'attirer de nombreux étudiants étrangers vers l'Angleterre, les pays du Benelux ou la France.

### 3. Un rôle politique

● L'UE est présente par ses membres au **Conseil de sécurité de l'ONU** ou au **G20** et elle participe militairement aux interventions de maintien de la paix et aux décisions mondiales.

● Elle fournit 55 % des **fonds d'aide au développement** du monde et exerce une réelle influence.

## III LES LIMITES ET LES FRAGILITÉS DE LA PLACE DE L'EUROPE DANS LE MONDE

### 1. Une puissance incomplète

● L'UE peine à s'imposer sur la scène internationale, notamment en matière de **sécurité et de politique étrangère.** Elle souffre de ne pas avoir une diplomatie commune et les difficultés de gestion des différentes crises européennes montrent que des États aux intérêts très différents ne transfèrent qu'une part mineure de leur souveraineté à l'Union. Les décisions politiques communes sont donc difficiles à prendre.

### 2. Des défis humains

● L'UE est confrontée au **vieillissement de ses populations**, au chômage massif et donc au nombre croissant d'**exclus**, ce qui met en péril le modèle social européen.

● Aujourd'hui **les flux internationaux de migrants** venus d'Afrique et du Moyen-Orient posent un problème majeur à l'UE.

### 3. Une concurrence économique

● La crise économique et financière qui débute en 2007 montre les difficultés de l'UE à trouver des **solutions communes** (cf. la crise grecque). La concurrence internationale avec ses **délocalisations**, la **dépendance énergétique** et les difficultés à investir plus dans la **recherche-développement** handicapent aujourd'hui le maintien du rôle majeur du pôle économique européen.

# Les lois, droits et devoirs dans la République

Les lois sont l'ensemble des règles qui s'appliquent aux individus dans un État. En France et dans la plupart des démocraties, ces lois s'appuient sur des textes fondamentaux et les autorités de l'État respectent un processus pour les réaliser.

## I UN HÉRITAGE FONDAMENTAL

### 1. Le rôle de la philosophie des Lumières

- Le mouvement des **Lumières** naît chez les élites cultivées du début du XVIII^e^ siècle, surtout en Angleterre et en France. Il s'appuie sur la raison et la diffusion du progrès, notamment par des publications comme l'*Encyclopédie* de **Diderot** et **d'Alembert**. Ce mouvement critique également l'absolutisme et **Montesquieu** fait la promotion de la séparation de pouvoirs tandis que **Voltaire** condamne des pratiques judiciaires abusives. Ces idées seront présentes dans les lois adoptées au cours de la Révolution française et tout particulièrement dans la Déclaration des droits de l'homme et du citoyen.

### 2. De la Déclaration de 1789 à celle de 1948

- La Déclaration des droits de l'homme et du citoyen est également inspirée de la Déclaration d'**indépendance américaine**. Le texte fut voté le 26 août 1789 et est constitué d'un préambule et de 17 articles, il reste la référence incontournable de nos institutions.

- La loi est ici définie comme l'**expression de la volonté générale** et constitue la clé de voûte du système des droits de l'homme.

- La **Déclaration universelle des droits de l'homme** adoptée le 10 décembre 1948 est un texte sans obligation juridique mais a la valeur d'une charte universelle.

## II LA LOI ET SON ÉLABORATION EN FRANCE

### 1. L'initiative des lois

- L'initiative dépend soit du pouvoir exécutif, détenu par le président et le gouvernement, soit du pouvoir législatif, composé de l'Assemblée nationale et du Sénat. Quand l'initiative vient de l'exécutif, il s'agit d'un **projet de loi**, quand il s'agit du Parlement, ce sont des **propositions de lois**.

- C'est l'appartenance du parlementaire qui présente la loi qui détermine sa présentation à l'une des deux assemblées.

### 2. Les étapes de l'élaboration de la loi

- Le texte passe par une commission permanente compétente dans le domaine visé par la loi, celle-ci, après analyse, peut la modifier (amendements), la voter et la transférer à l'autre assemblée parlementaire.

- Après être passée par les deux assemblées, la loi retourne à la première, c'est la **navette parlementaire**. Si un désaccord fort existe entre les deux assemblées, le gouvernement peut convoquer une **commission mixte paritaire** et en fin de compte donner le dernier mot à l'Assemblée nationale.

- En pratique, on observe que moins de 10 % des lois sont issues de propositions parlementaires.

### 3. La promulgation de la loi

- La loi est signée par le président de la République, le Premier ministre et les ministres chargés de son application, puis publiée au Journal officiel. Elle peut être retardée s'il y a une nouvelle délibération demandée par le président de la République ou un **contrôle de constitutionnalité** par le Conseil constitutionnel.

## III LES CITOYENS ET LES LOIS

### 1. La participation des citoyens français

- Les Français participent à la création des lois par leurs représentants mais aussi par la voie du **référendum**. Toutefois, ceci pose le problème des modes d'élections directes ou indirectes. En effet, dans la V$^{e}$ République, depuis 1962, le président de la République est élu au suffrage universel direct, tout comme les députés de l'Assemblée nationale, mais les sénateurs sont eux élus de manière indirecte par des électeurs sénatoriaux.

### 2. Quel rôle pour les citoyens ?

- L'article 6 de la Déclaration de 1789 et l'article 21 de celle de 1948 affirment le principe essentiel de représentativité dans une démocratie, mais les conditions du suffrage ont connu des changements au cours de notre histoire, comme en 1944 avec le **vote des femmes**. Aujourd'hui, la **question du vote des étrangers** résidant en France se pose aux élections locales, d'autant plus que les citoyens européens participent aux élections municipales de l'État où ils vivent.

- L'autre interrogation est celle de la **démocratie participative** qui pourrait reposer sur des citoyens tirés au sort, présentant ainsi une grande pluralité de points de vue.

# La démocratie, fonctionnement et limites

La démocratie repose sur trois pouvoirs et sur le pluralisme s'exprimant à l'aide de partis politiques très différents.

## I LES PRINCIPES DÉMOCRATIQUES

### 1. La séparation des pouvoirs

● La démocratie repose sur la séparation des pouvoirs. Cette théorie est liée à la **philosophie des Lumières** et à *De l'esprit des lois* de Montesquieu (1748). Les trois pouvoirs séparés sont celui d'écrire les lois (le **législatif**), celui de les faire appliquer (l'**exécutif**) et de punir les manquements aux lois (le **judiciaire**). La démocratie fait régner un équilibre entre ces trois pouvoirs.

### 2. Les libertés et le pluralisme

● Les libertés fondamentales sont la **liberté d'opinion**, **d'expression** (de presse) et **d'association**. La démocratie permet donc l'expression d'idées diverses et contradictoires qui donnent lieu à la formation de partis politiques, ainsi les citoyens peuvent s'exprimer librement grâce aux différents suffrages.

### 3. Une évolution historique

● La cité athénienne au v^e^ siècle av. J.-C. établit un système politique qualifié de **démocratie** mais le nombre volontairement restreint de citoyens et les hautes charges qui restent aux mains des plus riches la rendent très inégalitaire. Au xx^e^ siècle, le langage courant a de plus en plus opposé la démocratie aux monarchies puis aux dictatures. Celles-ci se donnent souvent une apparence de démocraties mais les critères fondamentaux n'y sont pas respectés.

## II LE SUFFRAGE, UNE PLACE CENTRALE DANS LA DÉMOCRATIE

### 1. Le suffrage universel en France

● En 1848, la II^e^ République proclame le **suffrage universel** pour les hommes de plus de 21 ans, le suffrage excluait avant les plus pauvres. Avec les lois scolaires de Jules Ferry, on voit se construire grâce à l'instruction des opinions personnelles chez les citoyens.

● Alors qu'elles réclament ce droit depuis 1918, c'est en 1944 que le général de Gaulle accorde le **droit de vote aux femmes** de plus de 21 ans. En 1974, la majorité légale passe à 18 ans.

### 2. Modes de scrutin

- Les **scrutins** en France sont d'abord le **scrutin uninominal à deux tours** : le représentant des citoyens peut être élu avec plus de 50 % des voix dès le premier tour, sinon on procède à un second tour. C'est ce mode qui est adopté lors des élections présidentielles, législatives et cantonales.

- L'autre forme est le **scrutin de liste proportionnel** où chaque groupe ou parti présente une liste et le nombre de sièges est proportionnel aux voix s'étant portées sur la liste. Ce choix permet aux petits partis d'être représentés.

- De nombreux débats portent sur l'encadrement du droit de vote. En juin 2000, la **loi sur la parité hommes-femmes** est issue du constat de la faible présence d'élues dans les différents échelons politiques. De même, en avril 2000, pour **lutter contre le cumul des mandats**, deux lois obligent les élus à n'exercer qu'un mandat important (national ou européen). Mais le débat le plus important lors de l'élection présidentielle de 2012 porte sur le **vote des ressortissants issus de pays extérieurs à l'Union**, de même, la question est posée de l'abaissement de l'âge légal à 16 ans.

## III LA DÉMOCRATIE ET LE RÔLE DE L'OPINION PUBLIQUE

### 1. L'évaluation de l'opinion publique

- Dans les démocraties, l'opinion se construit à travers des **médias**, presse écrite, radios, télévision ou Internet. Les techniques américaines de **sondages** apparaissent en France après 1938 et servent à prévoir le choix des électeurs et à connaitre les réactions de la population française face aux sujets d'actualité. Ces sondages sont réalisés soit par des instituts publics (Institut national de la statistique et des études économiques, INSEE), soit des instituts privés. Ils exercent une forte influence sur les choix des électeurs et constituent donc un danger pour la démocratie. Cependant, leur interdiction durant la dernière semaine avant une élection se heurte aux **nouvelles techniques de l'information**, comme Internet, qui fournit des résultats à l'échelle mondiale. Internet peut aussi diffuser des informations et des images fausses.

### 2. La liberté d'information et ses limites

- Les médias en France sont contrôlés par le CSA (Conseil supérieur de l'audiovisuel) mais cela n'empêche pas la **course au sensationnel** et la **surmédiatisation** de nombreux événements. Les doutes des Français sont nombreux sur l'indépendance réelle des journalistes face aux pressions politiques.

# La République et les institutions françaises

La république a imposé ses valeurs avec la IIIe République. Elles sont devenues des principes dans les Constitutions successives.

## I LES VALEURS ET LES PRINCIPES DE LA RÉPUBLIQUE

### 1. Les valeurs de la république

● La république possède des valeurs fondamentales qui sont rappelées dans le **préambule de la Constitution** sous la forme de grands principes, le territoire de la république est **indivisible** et la république est l**aïque**.

### 2. Une république démocratique et sociale

● La république est **démocratique** et la nation s'exprime par le suffrage universel direct et secret. Les trois pouvoirs sont séparés et les libertés fondamentales sont garanties tandis que les partis politiques expriment la diversité d'opinion dans la nation. La république est aussi **sociale**, notamment en offrant éducation, logement, emploi et couverture sociale aux plus démunis.

### 3. L'évolution de la république et de ses symboles

● La Révolution française de 1789 fait apparaitre des notions centrales dans la république, comme la **liberté et l'égalité** qui inspireront la devise née en 1792 à laquelle s'ajoute la **fraternité** en 1848. L'idée républicaine s'est difficilement imposée avant 1875, mais l'œuvre de la IIIe République va consolider le régime, notamment avec les lois de **Jules Ferry** de 1881 puis 1882 qui créent l'école laïque, publique et obligatoire.

● Les symboles qui se sont imposés progressivement sont : la **devise** ; les trois couleurs de la cocarde républicaine reprises sur le **drapeau** de 1794, associant le bleu et le rouge de la ville de Paris au blanc de la royauté.

● Des **fêtes commémoratives** comme le 14 Juillet (prise de la Bastille et fête de la fédération 14 juillet 1790) voient l'affirmation d'un hymne : ***La Marseillaise*** (hymne national en 1879) et une allégorie, le personnage féminin de **Marianne**, choisie dès 1792 et qui se retrouve dans les mairies et sur de nombreux monuments coiffée de son bonnet phrygien rouge, symbole antique de l'affranchissement des esclaves.

## II LES INSTITUTIONS DE LA Vᵉ RÉPUBLIQUE

### 1. Les deux pouvoirs

- Le président de la République a des pouvoirs étendus. Il est le **chef des armées** et, par l'article 16, il peut prendre les **pleins pouvoirs** en cas de danger. Il nomme les membres du gouvernement, publie les lois et veille à leur application. Il peut dissoudre l'Assemblée. Ce fort pouvoir de l'**exécutif** fait de la Vᵉ République un régime **semi-présidentiel**.

- Le **pouvoir législatif** est détenu par l'Assemblée nationale et le Sénat. L'Assemblée nationale peut renverser le gouvernement si une **motion de censure** est votée par une majorité de députés. Le **Conseil constitutionnel** est composé de membres choisis par les présidents de la République, du Sénat et de l'Assemblée nationale en nombre égal.

### 2. Centralisation et collectivités territoriales

- La France est un **État centralisé** depuis la monarchie et la Révolution française. Au système de communes-cantons-départements s'ajoutent en 1955 les régions. À partir de 1982, une série de **lois de décentralisation** donnent aux régions une compétence sur les différentes formes d'aménagement de leurs territoires.

## III LA RÉPUBLIQUE ET LA LAÏCITÉ

### 1. Une république laïque

- La république est laïque : elle respecte toutes les croyances à condition qu'elles ne contreviennent pas à ses lois. **Aucune religion n'a de statut privilégié** et les marques ostentatoires religieuses sont interdites dans les établissements publics.

### 2. Le contexte de la naissance de la laïcité

- Depuis **la loi de 1905**, l'Église et l'État français sont séparés après vingt-cinq ans de fortes tensions entre l'Église catholique et la république. Cette laïcité de l'État français est réaffirmée dans les préambules des Constitutions de 1946 et de 1958 et il est rappelé que l'État « ne reconnait, ne salarie ni ne subventionne aucun culte ».

### 3. Les remises en cause de la laïcité

- En 2004, la **loi sur le respect de la laïcité** fait suite à des polémiques nées en 1989 autour du **port du voile à l'école**. La république est confrontée à la montée des communautarismes, aux problèmes d'intégration dans les banlieues et aux revendications de l'islam, deuxième religion française par le nombre de fidèles en France. La succession de lois, de circulaires et de propositions montre cette remise en cause de la laïcité et le débat en cours sur la révision de la loi de 1905.

# L'organisation et les missions de la Défense nationale

La Défense nationale de la France doit assurer la sécurité et préserver l'intégrité de son territoire. La France dispose d'une force de dissuasion : l'arme nucléaire. Elle appartient également à l'**OTAN**, même si elle en a quitté le commandement intégré en 1966.

## I LA DÉFENSE NATIONALE

### 1. L'État et la Défense nationale

● La Défense dépend du président de la République, chef des armées décidant de l'emploi de l'arme nucléaire. Il est assisté d'un conseil des chefs d'état-major et du ministre de la Défense pour exécuter cette **politique militaire**. Le Parlement vote le budget des armées et peut décider d'engager l'armée française dans un conflit.

● Toutefois, la France s'insère dans d'autres organisations :

– **l'Union européenne**, au sein de laquelle elle participe à la constitution d'une politique étrangère et de sécurité commune (PESC). **L'Eurocorps**, armée européenne créée en 1992 et composée de 50 000 hommes pour des missions de défense, est le fruit de cette politique commune ;

– **les Nations unies** dont les résolutions peuvent conduire à des interventions extérieures.

### 2. L'organisation de la Défense nationale

● Ses missions sont **la défense** du territoire, **la sauvegarde** des populations en cas de catastrophe naturelle, **la sécurité** des secteurs vitaux de l'économie française et **la protection** des administrations et du gouvernement, ainsi que **la préservation** de l'ordre public.

● **Quatre corps** sont les principaux acteurs de cette défense :

– l'armée de Terre ;

– la Marine nationale ;

– l'armée de l'Air ;

– la Gendarmerie.

● D'autre part, des services spécialisés sont chargés de la surveillance du territoire : **la DGSE** (Direction générale de la sécurité extérieure), **la DST** (Direction de la surveillance du territoire) et **la DRM** (Direction des renseignements militaires).

### 3. Les mutations de la Défense nationale

- Les enjeux de la Défense nationale restent, certes, la sauvegarde des intérêts économiques vitaux et la défense du territoire, mais la fin de la guerre froide a rendu les dangers beaucoup moins imminents. **Les missions extérieures** ont de plus en plus d'importance. Les **menaces** peuvent être **terroristes**, et l'armée peut aider les ressortissants et les intérêts français à l'étranger.

- Avec la réforme de la conscription, la France possède désormais **une armée de métier**, comme la plupart des pays d'Europe.

## II LA DÉFENSE ET LA CITOYENNETÉ

### 1. La conscription

- Le service militaire obligatoire des garçons d'une même classe d'âge date de 1798. La loi du 28 octobre 1997 réforme le service national et le remplace par **un parcours citoyen obligatoire** pour tous les jeunes Français, garçons et filles. Ce parcours comprend un enseignement sur les principes de la Défense nationale en classe de troisième, et le recensement obligatoire à la mairie de la commune à 16 ans, qui conditionne l'inscription automatique sur les listes électorales à 18 ans.

### 2. La journée de Défense et de Citoyenneté

- La journée de Défense et de Citoyenneté a lieu après le recensement. Cette journée de conférences, de projections et de débats informe les jeunes sur les métiers de la Défense nationale et également sur les métiers volontaires. Le certificat de participation à cette journée est nécessaire pour tout examen ou concours public.

- L'armée de métier est composée d'un peu moins de 300 000 hommes en 2011, chiffre en baisse constante, mais les volontaires peuvent servir douze mois renouvelables pour une durée maximale de cinq ans. Ainsi, malgré sa professionnalisation, la défense de la France reste l'affaire de tous les citoyens.

# La défense nationale et la coopération internationale

Le monde a changé depuis la fin de la guerre froide, et la sécurité collective dépend d'organisations internationales, mais aussi d'organisations non gouvernementales.

## I LA SÉCURITÉ COLLECTIVE ET LES ORGANISATIONS INSTITUTIONNELLES

### 1. L'ONU

- L'Organisation des Nations unies est née en avril 1945 lors de la conférence de San Francisco. **Les missions** de l'ONU sont d'assurer **la paix** et **la sécurité** en combattant les facteurs de crise. L'autre aspect de cette solidarité de l'ONU est **l'aide** au développement économique et social et **la lutte** pour le respect des droits de l'homme et des libertés fondamentales.

- L'ONU compte 193 États signataires. Elle comprend **une assemblée générale siégeant à New York**, où chaque État dispose d'une voix. Cette assemblée s'occupe des violations des droits de l'homme et des problèmes de droit international qui créent des risques de guerre.

- **Le Conseil de sécurité** comprend 15 membres, dont 5 permanents disposant d'un droit de veto (les États-Unis, le Royaume-Uni, la France, la Chine, la Russie). Il décide de toute intervention armée des soldats de l'ONU. Le secrétaire général, élu par l'Assemblée générale pour cinq ans, sert d'intermédiaire avec les États et leurs représentants.

### 2. Les missions et les interventions de l'ONU

- Depuis 1945, l'ONU a participé à 56 missions de maintien de la paix et 14 sont en cours de réalisation. Ces opérations varient, de l'**envoi de casques bleus** ou d'**observateurs** au **boycott économique**, et jusqu'aux **frappes militaires** pour les États refusant d'appliquer les décisions du Conseil de sécurité.

- L'action de l'ONU est gênée par des **problèmes financiers** car beaucoup d'États ne paient pas leur contribution à l'organisation.

- Par ailleurs, la **Cour pénale internationale** a été créée pour juger les **génocides** et les **crimes contre l'humanité** (par exemple, en ex-Yougoslavie et au Rwanda).

### 3. La sécurité collective et l'Europe

● L'Union européenne instaure une collaboration entre les polices européennes sur les questions de terrorisme et de criminalité. Le traité de Maastricht institue **une politique étrangère et de sécurité commune** avec la création de l'Eurocorps.

## II LES ACTEURS DE LA COOPÉRATION INTERNATIONALE

### 1. Les organismes spécialisés de l'ONU

● En dehors des missions de sécurité collective, 70 % de la tâche de l'ONU concerne la santé ou le développement économique. C'est **le FMI** (Fonds monétaire international) qui finance les projets de développement d'États défavorisés et **la FAO** (Organisation pour l'alimentation et l'agriculture) ou **la Banque mondiale** qui aident à la modernisation agricole.

● L'aide strictement humanitaire est réalisée par **l'OMS** (Organisation mondiale de la santé), qui lutte contre les grandes épidémies ; **le HCR** (Haut-Commissariat aux réfugiés) répond à la croissance exceptionnelle des réfugiés dans le monde depuis 1945 et **l'Unicef** (Fonds des Nations unies pour l'enfance) cherche à améliorer le sort des enfants. **L'Unesco** (Organisation des Nations unies pour l'éducation, la science et la culture) assure l'alphabétisation et la diffusion de la culture tout en protégeant le patrimoine mondial.

### 2. L'Europe et la coopération internationale

● L'Union européenne possède également un **office d'aide humanitaire** (ECHO), créé en 1992. Actuellement l'aide financière s'oriente surtout vers le continent africain, le bassin caraïbe et l'aire Pacifique.

### 3. Les ONG

● Les **Organisations non gouvernementales** (ONG) sont des groupements de citoyens sans but lucratif. Financées par des dons et agissant grâce à des bénévoles, elles assurent des missions que les agences spécialisées de l'ONU, faute d'argent, ne peuvent plus réaliser (missions humanitaires, missions de surveillance des gouvernements et missions d'information).

● Parmi les ONG les plus connues, on peut citer Médecins du monde (MDM), Médecins sans frontières (MSF), Handicap international, Action internationale contre la faim (AICF).

# Les partis politiques, engagement et citoyenneté

Les organisations politiques expriment les opinions qui traversent nos sociétés et le pluralisme démocratique reste une des conditions de la démocratie.

## I LES PARTIS POLITIQUES ET LEUR ORGANISATION

### 1. Définition des partis

- Il existe en France 286 partis politiques, il s'agit **d'organisations de citoyens dont le but est de défendre des idées politiques**. Ils présentent d'ailleurs des candidats aux élections afin de faire appliquer leurs idées.

### 2. Les grands partis politiques

- On peut classer les partis politiques selon leur nombre d'adhérents, mais aussi selon leur histoire. Ainsi il existe de grands partis anciens comme le PS ou récents comme Les Républicains.
- Ce classement peut aussi se faire en allant de l'extrême gauche à l'extrême droite.
- Les partis politiques traditionnels sont d'abord le PCF (**Parti communiste français**), longtemps lié à l'ex-URSS et dont l'influence a baissé depuis 1990. De nouveaux partis ont émergé dans ce groupe, comme le Front de gauche ou la Ligue communiste révolutionnaire. Le PS (**parti socialiste**) a développé ses idées dans une économie libérale mais en restant attentif aux inégalités sociales. Ce parti est au pouvoir depuis 2012 avec l'élection du président François Hollande.
- De nouveaux partis ont émergé sur la scène politique, c'est le cas de l'UMP (**Union pour la majorité présidentielle**), créé en 2002 par **Jacques Chirac** et qui porte **Nicolas Sarkozy** à la présidence de la République. Ce dernier crée ensuite **Les Républicains**.
- Le **Front national** à l'extrême droite crée la surprise avec son candidat Jean-Marie Le Pen qui atteint le second tour des élections présidentielles en 2002.
- D'autres partis recomposent une partie de l'électorat centriste comme le **Modem** de François Bayrou ou les écologistes (**Europe Écologie les Verts**) créé en 1984.

## II L'ENGAGEMENT POLITIQUE ET LA CITOYENNETÉ

### 1. Des acteurs divers

● Il existe d'autres acteurs de la vie politique comme les **associations**, les **groupes d'intérêt** ou les **clubs de réflexion**. Toutefois, ce sont les **syndicats** qui ont les liens les plus forts avec les partis politiques. Ils ont pour but de défendre un groupe professionnel et ils soutiennent les revendications sur les salaires, la durée de travail ou les licenciements. En cas de conflits, ils recourent à la grève ou à de nouvelles actions, comme l'occupation de locaux ou des recours juridiques en cas de licenciements collectifs.

### 2. Les principaux syndicats

● La **CGT** (Confédération générale du travail) est née en 1895 et s'est divisée en 1947-1948 pour donner la CGT, proche du PCF, et la **CGT-FO** (Force ouvrière), plus indépendante.

● En 1964, la **CFTC** (Confédération des travailleurs chrétiens) éclate en deux et la **CFDT** majoritaire abandonne la référence chrétienne.

● La **CFE-CGC** représente les cadres et le **MEDEF**, les fédérations professionnelles et le patronat.

● Il faut toutefois souligner la faiblesse de la représentativité de ces syndicats puisque seuls 7 à 8 % des salariés français sont syndiqués, c'est un des taux le plus faibles en Europe.

### 3. Engagement politique et débats

● Les militants cherchent à défendre une cause à travers des actions et en s'impliquant dans le combat politique. Leur engagement passe par la **diffusion de tracts**, les **signatures de pétitions** souvent en porte-à-porte afin de rencontrer les citoyens et des **réunions** pour sensibiliser l'opinion publique. Les adhésions de ces militants ont longtemps été la principale **source de financement des partis**, mais aujourd'hui les partis politiques sont confrontés à la difficulté de recruter des militants. Ce sujet est peu abordé par les partis qui n'aiment pas donner ces chiffres, mais les plus grands enregistrent de fortes baisses, comme le PS, qui a perdu 50 % de ses effectifs depuis 2007. Seul le Front national gagne encore des adhérents.

● Cette situation montre **une crise de confiance des citoyens** envers les partis politiques traditionnels que l'on retrouve aussi dans la **baisse de la participation électorale**. On peut souligner les effets pervers des subventions d'État liées aux résultats électoraux qui font que les partis politiques s'investissent moins dans le recrutement de militants.

# Biographies

**Blum, Léon (1872-1950) :** dirigeant socialiste, chef de la SFIO en 1936, il préside le gouvernement du Front populaire avec lequel il réalise de profondes réformes sociales (congés payés, semaine de 40 heures).

**Chirac, Jacques (né en 1932) :** président de la Ve République de mai 1995 à mai 2007. À partir de 1997, il cohabite avec un Premier ministre de gauche, L. Jospin, mais est réélu en 2002 au deuxième tour face à J.-M. Le Pen avec 82,5 % des voix. Il reconnait la responsabilité de l'État français dans le génocide des Juifs de France, il fait adopter les lois sur le quinquennat présidentiel et la parité en 2000. Il se retire de la vie politique en 2007.

**Clemenceau, Georges (1841-1929) :** président du Conseil français en 1917, il gouverne le pays avec fermeté, et est surnommé « le Tigre ». Il négocie le traité de Versailles (1919), mais ne remporte pas les élections présidentielles de 1920.

**Gandhi, Mohandas Karamchand (1869-1948) :** issu d'une famille aisée, il fait des études d'avocat en Angleterre et devient dès 1916 l'un des chefs du nationalisme indien. Partisan de la non-violence, il obtient avec les autres chefs nationalistes l'indépendance de l'Inde en 1947.

**Gaulle, Charles de (1890-1970) :** militaire et homme politique, il participe au gouvernement à la veille de la Seconde Guerre mondiale. Refusant l'armistice, il organise depuis Londres la résistance extérieure à l'occupant. Chef du Gouvernement provisoire à la Libération, il restaure la vie politique en France. Il démissionne en 1946, en désaccord avec les grands partis politiques. Rappelé au pouvoir en 1958 à la suite de la crise algérienne, il fonde la Ve République, régime où le pouvoir exécutif l'emporte sur le législatif, et met fin à la guerre d'Algérie et à la colonisation.

**Giscard d'Estaing, Valéry (né en 1926) :** ministre de l'Économie et des Finances sous les deux premiers présidents de la ve République, il est lui-même élu président en 1974. Son arrivée au pouvoir constitue une rupture, car s'il a soutenu de Gaulle un certain temps, il n'est pas gaulliste, mais centriste. Sa présidence marque la fin de la République gaullienne.

**Gorbatchev, Mikhaïl (né en 1931) :** secrétaire général du parti communiste de l'URSS à partir de 1985 et président de l'URSS en 1988. Il est l'auteur de profondes réformes. Son échec sur le plan économique précipite la fin du régime soviétique (1989). Il évite toutefois un conflit majeur et signe des accords de désarmement avec les États-Unis. Il accepte de se retirer en 1991 et reçoit en 1990 le prix Nobel de la Paix.

**Hitler, Adolf (1889-1945) :** né en Autriche, il organise en 1919 le parti national-socialiste. Emprisonné à la suite d'une tentative de coup d'État, en 1923, il rédige son livre, *Mein Kampf*. À partir de 1933, date à laquelle il devient chancelier de la République, il impose à l'Allemagne une dictature fasciste, raciste et offensive. Il provoque la Seconde Guerre mondiale pour étendre « l'espace vital » de l'Allemagne. Il organise l'extermination des Juifs dès 1942. Vaincu, il se suicide à Berlin en avril 1945.

**Lénine, Vladimir Ilitch Oulianov, dit (1870-1924) :** membre du parti social-démocrate, il prend la tête du courant bolchevik en 1903. Exilé de nombreuses années, il rentre en Russie en 1917 et dirige le pays, après la révolution d'Octobre, comme président du Conseil des commissaires du peuple (gouvernement bolchevik).

**Mao Zedong (1893-1976) :** cofondateur du parti communiste chinois, il organise la lutte contre le pouvoir pendant de longues années. Après la guerre contre le Japon (1937-1945), la guerre civile reprend entre les nationalistes et les communistes, qu'il dirige. En octobre 1949, la république populaire de Chine est proclamée. D'abord ami des Soviétiques, Mao Zedong prend très vite ses distances par rapport à l'URSS, avec laquelle ses rapports deviennent conflictuels.

**Mitterrand, François (1916-1996) :** candidat contre de Gaulle dès les élections présidentielles de 1965, premier secrétaire du parti socialiste en 1971, il réalise l'union de la gauche, et devient président de la République en 1981. Réélu en 1988, il est le seul président français à avoir effectué deux septennats successifs complets.

**Mussolini, Benito (1883-1945) :** fondateur en 1919 du fascisme italien, il arrive au pouvoir avec la marche sur Rome en 1922 et crée un régime fasciste totalitaire tout en conservant la monarchie. Ses échecs durant la Deuxième Guerre mondiale entrainent son emprisonnement. Libéré par les troupes allemandes, il fonde un régime provisoire au nord de l'Italie. Il est exécuté en avril 1945 par la Résistance italienne.

**Pétain, Philippe (1856-1951) :** général, puis commandant en chef des armées durant la Première Guerre mondiale, il se distingue à la bataille de Verdun. Nommé maréchal en 1918, il devient ministre de la Guerre en 1934. À la tête de l'État, il décrète la « Révolution nationale » et entame une politique de collaboration avec l'Allemagne lors de l'entrevue de Montoire avec Hitler en octobre 1940 (lois antisémites de 1941). Il est condamné à mort à la Libération, mais il voit sa peine commuée en réclusion à perpétuité à cause de son grand âge.

**Roosevelt, Franklin Delano (1882-1945) :** démocrate, gouverneur de l'État de New York (1929-1933), il est élu président des États-Unis en 1933 et préconise l'intervention de l'État dans l'économie (New Deal) pour lutter contre la crise. Il est réélu Président en 1936, en 1940 et en 1944 et décide les États-Unis à s'engager dans la Seconde Guerre mondiale à la fin de l'année 1941. Il est l'un des principaux artisans de la victoire alliée et du rôle prépondérant des États-Unis sur la scène internationale après la guerre.

**Sarkozy (né en 1955) :** élu en mai 2007 face à la candidate de gauche S. Royal, il s'est affirmé par une rupture de style dans la fonction présidentielle, s'exposant dans le débat politique et dans sa vie personnelle. Il s'est appuyé sur l'UMP dès 2004 puis sur Les Républicains dès 2015. Son impopularité grandissante jusqu'en 2012 est fortement liée aux difficultés économiques nées de la crise financière mondiale qui commence en 2007.

**Staline, Joseph Vissarionovitch Djougachvili, dit (1879-1953) :** membre du parti social-démocrate dès 1898, il participe à la révolution d'Octobre et devient secrétaire général du parti communiste en 1922. Successeur de Lénine, il est, à partir de 1928, le seul maître de l'URSS. Il élimine systématiquement tous les opposants au régime et exerce une terrible dictature jusqu'à sa mort en 1953. Il est l'objet d'un véritable culte de la personnalité.

**Trotski, Léon (1879-1940) :** il dirige le soviet de Petrograd en 1917 et fonde l'Armée rouge. Adversaire de Staline, il est chassé du parti communiste, puis de l'URSS. Il est assassiné en 1940 sur ordre de Staline.

# Lexique

**Agriculture intensive :** agriculture utilisant des techniques modernes de production pour obtenir de hauts rendements à l'hectare.

**Armistice :** interruption des hostilités après accord entre les belligérants.

**Blocus :** état d'un pays auquel on interdit tout commerce avec l'extérieur.

**Bolcheviks :** partisans d'une révolution et de la dictature du prolétariat.

**Choc pétrolier :** phénomène de hausse brutale du prix du pétrole avec une incidence négative sur la croissance économique mondiale. Deux chocs pétroliers (1973 et 1979) ont marqué l'histoire du XX$^{e}$ siècle.

**Crime contre l'humanité :** crime qui consiste à arrêter, torturer et exécuter des individus pour des raisons raciales, religieuses ou politiques. Ce crime est imprescriptible.

**Décentralisation industrielle :** transfert d'activités industrielles vers des zones peu industrialisées, il s'agit souvent de politiques d'aménagement du territoire (années 1950-1960).

**Délocalisation :** déplacement d'une entreprise dans un autre pays pour diminuer le coût de la production.

**Firme transnationale (FTN) :** grande entreprise dont les activités ont lieu dans cinq États différents du monde.

**Flux :** volume de biens et de personnes en circulation.

**G8 :** « Groupe des 8 », groupe de discussion et de partenariat économique des 8 pays les plus puissants économiquement : les États-Unis, le Japon, l'Allemagne, la France, le Royaume-Uni, l'Italie, le Canada et la Russie. Ils représentent 61 % de l'économie mondiale.

**G20 :** « Groupe des 20 », forum économique, créé en 1999 à la suite de la crise financière asiatique. Les pays du G20 sont ceux du G8, plus l'Afrique du Sud, l'Arabie Saoudite, l'Argentine, l'Australie, le Brésil, la Chine, la Corée du Sud, l'Inde, l'Indonésie, le Mexique et la Turquie, c'est-à-dire 19 pays plus l'Union européenne.

**Génocide :** mot créé après la Seconde Guerre mondiale pour désigner l'extermination systématique de tout un peuple.

**Gentrification :** processus de retour des cadres et des populations à hauts revenus dans les centres-ville après une réhabilitation de l'habitat.

**Investissement direct à l'étranger (IDE) :** déplacement de capitaux d'une entreprise afin de créer et de faire fonctionner une filiale à l'étranger. L'entreprise peut aussi acheter une autre entreprise à l'étranger.

**Kolkhozes :** exploitations collectives qui regroupent les terres d'un ou de plusieurs villages, où les moyens de production sont mis en commun.

**Kominform :** bureau international d'information qui réunit de 1947 à 1956 les partis communistes des pays d'Europe de l'Est, de France et d'Italie.

**Marché noir :** vente illégale de produits rares à des prix excessifs.

**Mégalopole (ou mégalopolis) :** ensemble de grandes villes se touchant par leurs banlieues.

**Multimodal :** carrefour ou lieu de communication combinant plusieurs modes de transports – maritime-routier-ferroviaire et fluvial pour le transport terrestre et l'aérien.

**Multinationale :** firme ayant son siège social dans un État et exerçant son activité dans divers pays.

**OTAN :** Organisation du traité de l'Atlantique Nord, créée en 1949.

**PAC :** politique agricole commune de l'Union européenne ayant pour but de protéger et de moderniser son agriculture en garantissant les prix et en aidant les régions en difficulté (notamment les nouveaux entrants).

**Pacte anti-Komintern :** accord entre l'Allemagne nazie et le Japon contre le communisme mondial (1936), signé ensuite par l'Italie fasciste (1937) et l'Espagne franquiste (1938).

**Périurbanisation :** mouvement d'avancée de la ville sur ses périphéries avec une forte interpénétration ville et campagnes.

**PIB par habitant (Produit intérieur brut par habitant) :** total des biens et des services produits en un an dans un pays par habitant.

**Propagande :** action exercée sur l'opinion pour l'amener à accepter certaines doctrines, notamment politiques ou religieuses.

**Puissances de l'Axe :** on appelle ainsi l'Allemagne et ses alliés, l'Italie et le Japon, pendant la Seconde Guerre mondiale.

**Reconversion industrielle :** transformation des industries de guerre en des productions adaptées au temps de paix.

**Rentier :** personne qui vit de revenus non professionnels.

**Scrutin :** vote émis au moyen de bulletins que chaque électeur dépose dans une urne. Le mode de scrutin est la règle qui précise les modalités et les conditions de ce vote.

**Soviet :** conseil d'ouvriers, de paysans ou de soldats constituant un pouvoir concurrent du gouvernement en Russie, en 1917.

**Sovkhozes :** fermes d'État constituées des anciennes propriétés du tsar et de l'Église.

**Technopole :** agglomération regroupant activités de recherche, industries de pointe et tertiaire supérieur.

**Tertiaire supérieur :** activités de direction et de décisions.

**Zone économique exclusive :** espace maritime de 200 miles nautiques soit 370 km à partir des littoraux réservé à l'État côtier.

---



MIXTE
Papier issu de sources responsables
FSC® C022030
www.fsc.org

N° de projet : 10250504
Dépôt légal : décembre 2017
Imprimé en France
par CLERC en décembre 2018